KB137296

마구로센세가 갑니다

OKINAWA

마구로센세가 갑니다 2。

나인완 지음

OKINAWA

INTRO 들어가며 6

KOKUSAI STREET。
국제거리 · 20

RYUKYUMURA。
류큐무라 · 66

AMERICAN VILLAGE。
아메리칸 빌리지 · 88

CHURAUMI AQUARIUM。
추라우미 수족관 · 122

ORION HAPPY PARK。
오리온 해피파크 • 152

FUKUGI NAMIKI OF BISE。
비세 후쿠기 가로수길 • 178

An-Chi BEACH。
안티 비치 • 202

SHURI CASTLE。
슈리성 • 228

BUSENA MARINE PARK。
부세나 마린파크 • 264

OUTRO 작업후기 286

냠

냠
응? 왜?

어쩜 그리 잘 먹을까나?
헤헤.. 내가 뭘.

아니.. 내것까지 먹어버리면 어떡해..

아앗! 정신없이 먹다 보니! 미안해...
여기, 이거 하나 더 주세요!
이 녀석, 이거이거 안되겠네..

STEAK HOUSE

대역죄인..

괜찮아.. 나도 많이 먹었어. 그나저나 이번 여행은 어디로 갈까?

꺄!
음.. 나는 먹고 마시고 눕고 그런 휴양지 느낌?

그건 지금도 열심히 하고 있지 않니?
그.. 그런가..

가까운 휴양지라면 오키나와 어때?
추진

오옷! 나도 들어봤어!
일본이지만 일본같지
않은 곳!

좋았어! 그럼 가즈아!
잠.. 잠깐만!!

2주 뒤..
손님 여러분, 오키나와행 비행기가 도착하였습니다. 탑승 준비..
마음의 준비는 됐지?

이젠 마음의 준비가
안 되어있어도 가야 하는
상황이랄까..

괜찮아. 그냥 아무 생각없이
편하게 다녀오자.
이미
아무 생각이
없어..

와~! 오키나와 가는 사람
많다~

거봐~ 막상 가면
네 맘에 쏙 들꺼야.
peach

자아! 지금부터 오키나와에 대해
설명해 줄.....
드르렁~

오예! 드디어 도착!

잠깐! 가기 전에 오키나와에 대해서
조금은 알아야겠지?

에잉! 그냥 가면 안 돼?
빨리 가고 싶어!
그렇게 아무것도
알기 싫다면..

맛집 정보도 그냥
스킵하고 가야겠지?

어허..
진정하세요.
저는 필기할
준비도 됐어요!

오키나와는 지금은 일본에
속해있지만 원래는 독자적인
나라였어.
지도를 보면 알겠지만 거리도
일본과 상당히 떨어져 있지.
대만과 일본의 딱 중간이랄까나.

총 섬의 개수는 160개나 된대. 하지만 섬사이의 거리가 굉장히
멀리 떨어져있어서, 대부분 오키나와 본섬과 본섬 바로 아래에 있는
게라마제도까지 여행하는 편이야.

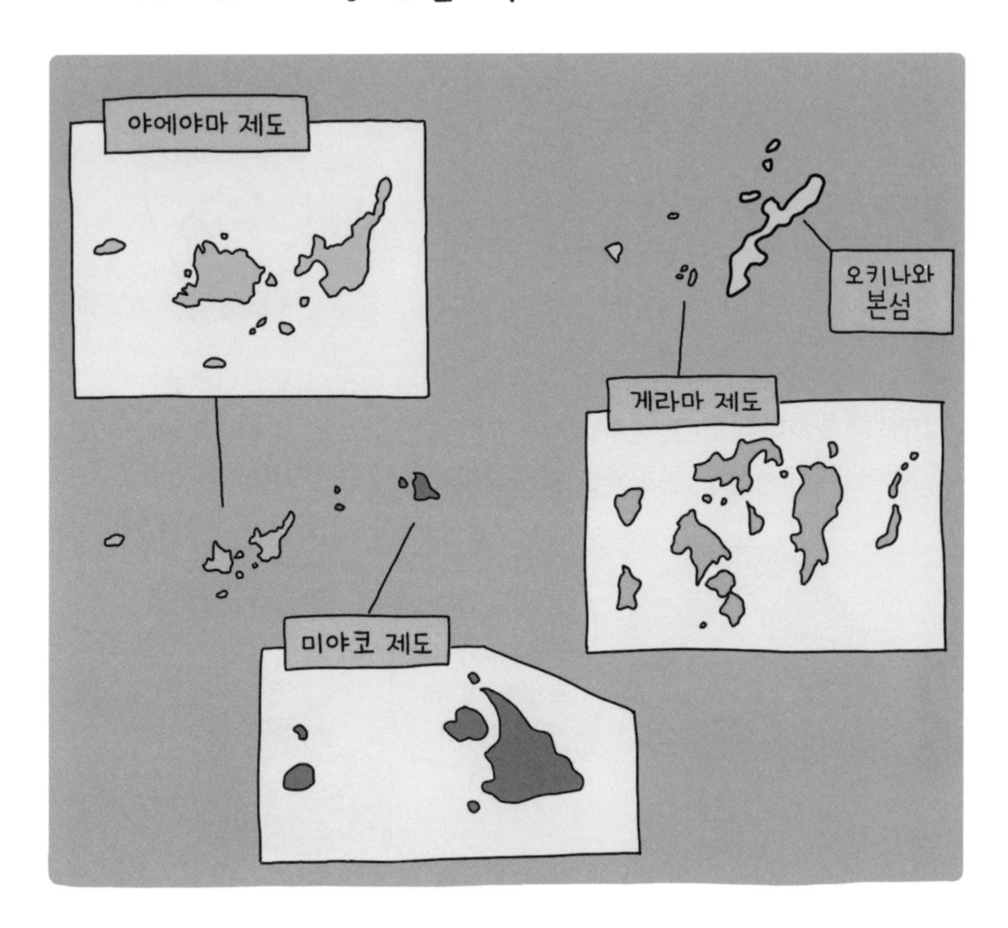

4세기의 북부, 중부, 남부의 3개의 세력이 대립하던 시대를 거쳐, 1429년에 통일왕조인 '류큐왕국'이 탄생했어.

류큐왕국은 17세기 초까지 일본이 아니었어. 그러나 일본이 통일된 직후 일본의 지배를 받다가 19세기 후반 메이지시대에 오키나와현으로 강제 편입되어 류큐왕국은 사라지게 된단다.

그후 태평양전투가 오키나와에서 치뤄지면서 미군이 오키나와를 27년간 통치하게 되고, 1972년에 일본에 반환되어 지금의 오키나와가 되었어. 그래서 일본 본토와는 역사적으로 많이 다른 지역이야.

그래서 생긴 오키나와만의 특징을 몇 개 알아보자!

1 일본의 대표 음식 회, 초밥 요리가 그렇게 주를 이루지는 않아.

뭐라
고라
고라?

대신
육류요리가
매우
발달했어.

오키나와에 왔으면...
고기 위주로 먹을 것을 추천!
특히 스테이크가 정말 맛있어..

스테이크
좋지..

그리고 음식을 조금 짜게 먹는 경향이 있고,
미군 통치의 영향으로 미국식 음식점이 꽤 많아.

음..
좋아
좋아.

2 영업시간이 짧은 음식점들이 많아.

맛집을 찾아갈 때는 필수로 영업시간을 꼭 확인하도록해.
주로 점심시간에 장사를 하는 편이야.

3 오키나와 사람들은 외적으로도 다른 점이 있어.

일본 본토 사람들보다 피부가
까무잡잡하기도하고.. 이목구비가
시원시원 하달까?
그래서 오키나와 출신
연예인들이 많아.

4 방언(사투리)가 다른 지역보다 심해.

수도인 나하를 벗어나,
외곽으로 갈수록
오키나와 사투리가 심해져.
일본 본토인들은 전혀 알아들을 수
없는 경우도 있다고 해.

5 오키나와에서 렌트카는 거의 필수야.

물론 대중교통도 있지만, 한 지역에만 있을 게 아니라면
렌트카를 이용하는 게 더 편해. 물론 운전자 빼고..

본섬

아름다운 자연환경을 가지고 있는,
오키나와 제일의 해변 리조트 지역이야.
북쪽은 '얀바루'라고 하는 원시림 아열대
지역이고, 드성드성 자연에 숨어있는 카페와
음식점도 많은 곳이야.

북부

미국의 영향을 받은 가게나
시설들이 많아.

중부

오키나와의 정치, 경제,
교통의 중심지인 나하시가
있어. 2차세계대전의
격전지이고 희생자의 위령비나
추모공원도 볼 수 있어.

남부

전체

게라마 제도

오키나와 본토 다음으로
가장 인기가 많은 섬이야.
수심 50~60m까지 들여다보이는 최고
투명도의 바다를 가지고 있고 세계에서
몇 안 되는 다이빙 장소로 유명해.

야에야마 제도

90%가 아열대 원생림으로
덮혀있어. 특별보호종인 귀중한
동물과 식물 등이 많아
국립공원으로 지정되어 있단다.

미야코 제도

다른 섬과 마찬가지로 바다가 맑아. 또한 매년 초여름에는
철인 삼종 경기가 열리고, 프로야구 스프링캠프지로 유명해.

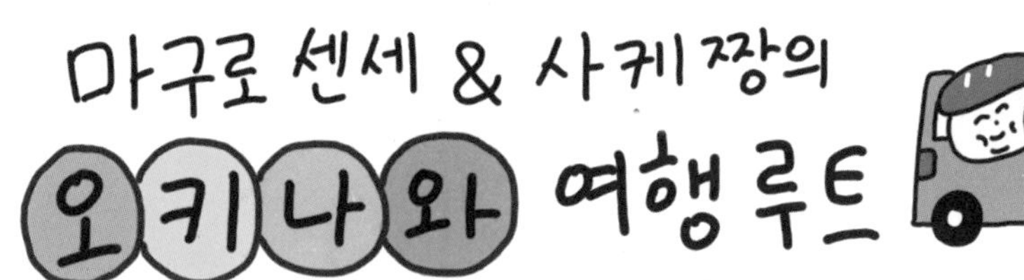
마구로 센세 & 사케장의
오키나와 여행루트

추라우미 수족관
비세 후쿠기
가로 수길
오리온
해피파크
류큐무라
부세나
마린 파크
아메리칸
빌리지
국제거리
슈리성

KOKUSAI STREET

국제거리。

오늘은 오키나와 첫 날!
어떤 즐거운 모험이 기다릴까나!
두근 두근

촤르르르르

날씨
왜 이래..
회색빛 모험

날씨 좀 봐.. 이게 무슨 일이지.
흐음

오키나와에 지금
태풍 왔다는데..?

마구로야
오키나와에
온 걸
환영해!
태풍
→ 오키나와

오늘은 어디 멀리 가지말고
시내나 둘러보자.
그래야겠어..
추욱..

국제 거리
郵便局
島唄と地料理

고쿠사이도리(국제거리)라는
이름은 전후 거리의
거의 중앙 부근에 있는
극장의 이름으로부터 생겨났어.

종전 후 현내에서 재빨리
부흥을 이루고, 거리의 길이가
거의 1 마일이기 때문에,
일명 '기적의 1 마일'이 라고도
불린다고 해.

일요일 12 : 00 ~ 18 : 00의 시간대는 차없는 거리가 되어
라이브, 거리공연이 진행되기도 한단다.

넌 뭐하고 싶어?

글쎄 어디 구경할 곳이
있나~?
껼껼꼘

그럼 오늘은 각자 구경하고
저녁 때 만날래?
파격
제안

오잉 ? 내가 뭘 잘 못 했나??
두뇌풀가동!

진정해..
아니, 그냥 다른곳은 차 타고 같이 다녀야되니까 각자 구경할 데는 여기 밖에 없달까?
휴.. 난또 내가 너무 많이 먹어서 그런줄..

이따봐~!
적당히 먹어~

이왕 이렇게 된 거.. 철저하게
음식 위주로..
사케짱
몫까지
먹겠어..
음흉

가루비 플러스
Calbee+
Okinawa
아니! 이곳은 내가 제일
좋아하는 감자과자 브랜드!!

주소 3 Chome-2-2 Makishi, Naha-shi, Okinawa-ken 900-0013

다양한 가루비 제품과
굿즈들을 구입할 수 있는
곳이야. 즉석에서 판매하는
감자 과자가 일품!
건물은 커보이지만 들어가면
굉장히 좁다는 단점이 있어.
POTATO
괜찮아..

Calbee+
Okinawa
沖縄限定トートバッグ
¥1380
Calbee+
沖縄地区のみ!

꺄르르.
귀여운게 많네!

えんぴつ補助軸

ポテチュロ
ココア味
税込 ¥230
Calbee
ポテりこ サラダ
税込 ¥310
Calbee
Calbee
ポテりこ
チーズ
ポテりこ チーズ
税込 ¥310
Calbee
スイートポテ
税込 ¥31
Calbee

잠깐! 즉석에서
감자 과자를 구워준다고!?
하이!
또잉~!
500¥
Calbee
Calbee

음.. 무슨 맛이려나..

仲尾次三味線なんでも
島らっきょう、売ってます

여기 어디에 재래시장이
있다고 했는데..
길을
잃었나..

앗! 바로 앞이네!

제1 마키시 공설 시장

주소 2 Chome-10-1 Matsuo, Naha-shi, Okinawa-ken 900-0014

국제거리 옆에 위치한 작은 재래시장이야.
20분 정도면 다 돌아볼 수 있어.
신선한 해산물과 고기 등을 주로
판매하고 있어.

그 외에 과자, 특산품 가게도 조금씩 볼 수 있어.

1층에서 구입한 생선을
2층 식당에 들고 가서 요리값
(평균 500엔)을 내고 먹을 수 있어.
물론 그냥 메뉴를 시켜도 돼.

저녁에 신선한 안주거리로
포장해서 먹는 것도 좋은
방법이야!
대신 저녁 8시 쯤이면 슬슬
닫기 시작하니 그 전에 들르는
것을 추천해.

고기를 산 다음에
숙소가서
구워 먹어 볼...
아직 고기 멀었나요?
지금 불켰어..

鮮魚
食料品
上原精肉店 豚肉 牛肉
TEL 867-6024
上原精肉店
TEL 67-6024
그냥 식당에서 먹는게 좋겠어..

가만 있어보자..
내가 먹어야 하는 게..
나 진짜 화낸다!
그렇게 화내도
하나도
안 무서워!
투닥
투닥
보라색 고구마 타르트!
소금 아이스크림!
잘못했어요..
저 초밥
무서워..

오카시고텐

주소 1 Chome-2-5 Matsuo, Naha, Okinawa Prefecture 900-0014

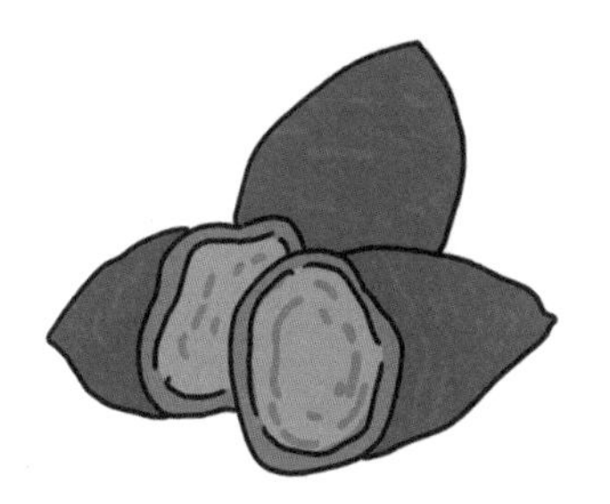

오키나와 특산품 자색 고구마를 이용한 다양한 상품을 팔고 있는 상점이야. 다양한 먹거리 제품도 판매중!

자색 고구마 타르트

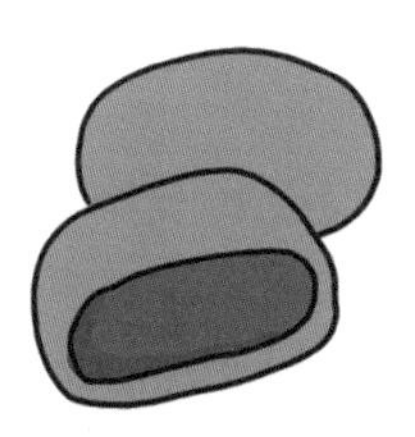

자색 고구마 만쥬

자색 고구마 아이스크림

¥
お会計
全国一律
配送料 千円
全国発送 配達料金一律
1,000円
온통 저 타르트 그림이네
빨리 먹어보라는 건가..?

여기, 타르트랑
타르트 케이크 주세요!
네,
조금만
기다려주세요.
가게 안에 조그마한 카페에서 다양한 디저트를 먹을 수 있습니다.

타르트 케이크는 치즈맛이
너무 강해서 고구마 맛이
잘 안나네..

오호! 이건 맛있다.
고구마의 담백하고
달달한 맛이 그대로 느껴져!

상온에 오래 보관시 눅눅해져서
맛이 많이 떨어집니다.

호호.. 만드는 공정도 볼 수가 있네!

흥미진진
ORIO
저렇게 만들어서 내 뱃속에 들어갔구나.

유키시오 아이스크림

(주소) 3 Chome－25－19, 1, 肉久茂地, Kumoji, Naha-shi, Okinawa-ken, 900-0015

역시 빵 다음은 아이스크림이라는 누구나 아는 공식!
다들 이렇게 배우지 않니?
빵 → 아이스크림

오키나와 미야코 섬의 특산품 '눈소금'을 이용한 상품 판매점이야.

그 중에서도 소금 아이스크림이 단연 인기!

잠깐.. 아이스크림도 소금으로 만들었는데..
거기다가 또 소금을 뿌려 먹는다는 말이지..

음…

이 맛은..
단짠짠짠짜라라라짠짠!인데?

宮古島の雪塩
海そのままを、
そのままに
宮古島の雪塩
그냥 소금 아이스크림만으로도
충분해.
호기심 많은 친구들은 추천!
나만
당할 순 없다..

국제거리 시내는
대부분 기념품 가게야.

바닷가 근처다보니
슬리퍼 가게도 꽤 있고

재미있는 그림의
티셔츠를 판매하는 가게도
많단다.

아마 마구로는
계속 먹기만
하고 있겠지..?
어떻게 알았지?
미행 당했나?

나도 살짝 간식을
먹어 볼까나..
질 수 없지..

주변에 레몬 도넛이 있네.
궁금하다. 먹어봐야겠어!

BALL DONUT PARK

주소 1 Chome-1-39, Makishi, Naha-shi, Okinawa-ken, 900-0013

아앙..

빵과 레몬이 절묘하게 어우러진 맛!
동양과 서양의 조화!
우리 둘다 서양 아닌가..

앗! 뭔가 맛 표현하는
방법이 마구로랑
비슷해지고 있어..
꺄르르
전염 됐나..

슬슬 마구로를
보러 가볼까나.

잘 놀았어?
응~ 넌 잘 먹었어?

응! 잘 놀았... 먹은 거 어떻게 알았지?
뻔하지 뭐..

그럼 이제 맛있는 저녁 먹으러 가자!
또 먹기!

얏바리 스테이크

와!~ 고기 냄새
엄청 난다.
제일 좋아하는 냄새..

주소 1 Chome-2-31 Makishi, Naha-shi, Okinawa-ken 900-0013

저렴한 가격으로 맛있는 스테이크를 먹을 수 있어서 인기가 많은 곳. 1,000엔으로 기본 스테이크 200g(1인분 정도)을 먹을 수 있다.

대기가 있지만, 나하 시내에
1, 2, 3, 4호점까지 있으니

엄청 미식가 모드가 아닌 이상
누구나 맛있게 먹을 수 있는 그런 맛!

실룩
실룩
*고기 외의 먹을 것은
셀프입니다.

적당히
담아 와~

가져와 그냥..
벌떡

. . .
설마.. 우니..?

꿀꿀
음메
역시 오키나와는
고기야야!
촤아악!

어떻게 저렇게
먹을 수 있는데 1,000엔이지?
그만 말해..
벌써 열 번째야..

포장마차 거리

여긴 포장마차 거리야.
갑자기 분위기가 바꼈다!

주소 3 Chome-11-17 Makishi, Naha-shi, Okinawa-ken 900-0013

가게를 고르는 것보다 빨리 자리부터 확보하는 게 중요!
가게는 비슷 비슷하다..
착!

사람이 굉장히 많고,
자리도 비좁지만 분위기
하나만으로 용서되는 곳.

하지만 음식이 그리 싼 편이
아니라 간단하게 한 잔
먹고 가는 것을 추천!

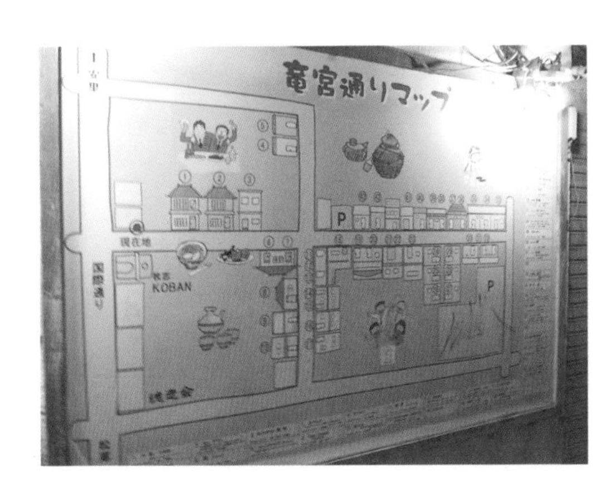
竜宮通りマップ
KOBAN

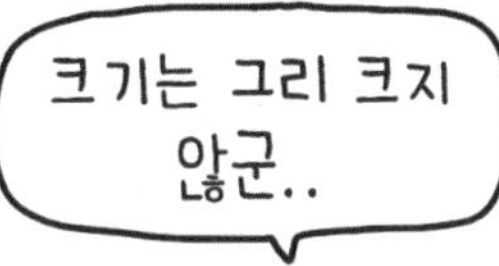
크기는 그리 크지 않군..

간단하게 맥주 한 잔하고 갈까?
오케이. 콜!

사람이 많은 건가..
내가 살이 찐 건가..
둘 다에 한 표!

여기 일단 생맥주
두 잔이요!

국제 거리

주소 3 Chome-2-10 Makishi, Naha-shi, Okinawa-ken 900-0013

영업 시간 연중 무휴

매력 포인트 & 솔직 후기

- 오키나와의 최대번화가! 오키나와에 왔으면 꼭 들러야하는 곳.
- 맛집들이 많이 있어서 맛집위주로 루트를 짜는 것을 추천!
- 음식점, 기념품가게가 주를 이룬다. 기념품은 품목의 거의 비슷하다.

여행지 꿀팁

국제거리는 기념품 가게들이 많아서
본격적인 쇼핑을 하기에는 조금 역부족이야.
그래서 쇼핑 매니아들이 꼭 가봐야하는 곳!

오키나와에 약 9개
정도 있는 이온몰.
지역마다 규모가
다 다른데,
그중에서도 최대
크기를 자랑하는
'이온몰 라이카무'에
가는 것을 추천해.

주소 アワセ 土地区画整理事業区域内4街区, Kitanakagusuku, Nakagami District, Okinawa Prefecture, 901-2300

오키나와 대표 명물 소개

시사

사자와 비슷한 모양을 가진 오키나와의 상징적인 동물. 보통 수컷, 암컷 한 쌍이며, 입을 다물고 있는 것이 복을 놓치지 않겠다는 의미의 암컷이고, 입을 벌리고 있는 것이 나쁜 것을 쫓아내겠다는 의미의 수컷이야. 오키나와 어딜 가나 볼 수 있어.

아와모리

오키나와의 전통 증류식 소주. 누룩을 띄우는 데에는 검은 누룩을 쓰며, 하얀 누룩을 쓰는 일본 본토의 소주와 다른 점이야.

자색 고구마

오키나와는 경지면적이 작아서 옛날에 식량이 부족해 굶는 일이 많았다고 해. 그래서 1605년에 중국에서 자색고구마 씨를 가져와 오키나와에서 재배하게 되었어.

오키나와 소바

오키나와를 대표하는 소바요리.
우리가 아는 소바는 아니고 사실
칼국수와 비슷한 면에, 국물은 간장
베이스에 돼지뼈로 우려만든 면요리야.
호불호가 많이 갈려서 한국인 입에
맞는 가게에서 먹는 것을 추천해.

고야 찬푸르

여러가지 재료를 섞어 볶는 오키나와
스타일의 요리 '찬푸르'에
고야(우리나라의 여주)가 들어간
음식이야. 조금 쓴듯 하면서도
중독성 있는 맛!

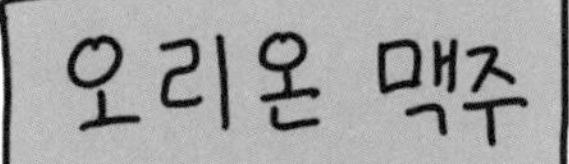

블루씰 아이스크림

RYUKYUMURA

류큐무라

맨 처음에 오키나와 류큐왕국에 대해
간단히 얘기했었지?
앗.. 시험인가?

시험은 아니고.. 오늘은 류큐
문화를 체험할 수 있는 곳에
갈 거야.
몇 페이지
였더라..
마구로센세가
갑니다

짜잔~! 여기는 류큐 문화 공연,
체험까지 할 수 있는 류큐무라야!

오호.. 한국의 민속촌
같은 건가.

류큐무라의 체험 활동

시사 빚기

산호램프 만들기

바다 친구들 색칠하기

티셔츠 만들기

시사 색칠하기

오키나와 전통악기 '산신' 연주와
간단한 곡 배우기

찻잔 도자기 무늬 그리기

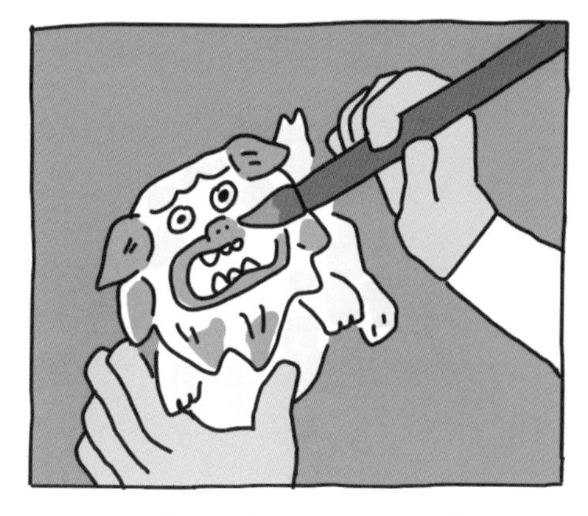

시사 도자기 무늬 그리기

이외에도 여러가지 체험 활동이 있어.
자세한 사항은 홈페이지에!
https://www.ryukyumura.co.jp/ko/official/plans/

오호! 나도
하나 해볼래!
여기 체험 구역에서
하나 골라봐.
琉球村

오키나와 하면
역시 시사니까..

つくっても ぬっても
きょう 持って帰れます
You can take it today.
当日お待ち帰りOK！
当日お待ち帰りOK！
시사 색칠하기 너로 정했닷!!

긴장

여기 견본처럼 칠하면
된다고 하지만...
나는 뭔가 특별한 시사를
만들고 싶어..

하이얍!
간다아아앙!

되게 요란하게 하네..
열심 열심

진리의
빨간 참치색!

어디서 많이 보던
색깔인데..

넌 이제
내 동생이야!
형아가
잘해줄게!
까르르
너무 몰입 하지마..

와~! 진짜 살던 집처럼
잘 만들어 놨다!

저 집들은 실제로
국가에 등록된 유형문화재
건물이야.
실제로 류큐 시절
1800년부터 1900년
초반에 지어진 건물을
이리로 옮겨 온 거야.

구 나카소네 가옥(1808년 건축)

구 고쿠바 가옥(1928년 건축)

마네킹이
진짜 사람같아!
진짜 사람 맞으셔..

아앗.. 실례했습니다.

이번엔.. 저 소는 모형이겠지?

...

낼름
깜짝
이야!!

근데 왜 갑자기 소가..
이 친구는 물소야.

옛날에 사탕수수를
수레로 짜내는 모습을
재현했어.
사탕수수
맛있겠다..

그럼 난 티셔츠 만들기 할래!

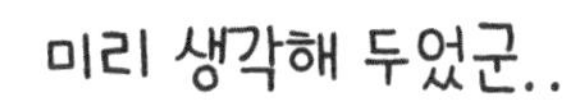

류큐무라

주소 1130 Yamada, Onna, Kunigami District, Okinawa Prefecture 904-0416

영업 시간 AM 9:00 ~ PM 6:00

매력 포인트 & 솔직 후기

- 여행지 전통 문화를 좋아하는 사람이라면 한 번쯤 와도 좋은 곳!
- 구경만 하기엔 살짝 심심한 경향이 있으니 꼭 하나씩은 류큐무라 체험을 해보도록 해.

여행지 꿀팁

류큐무라 말고도 오키나와 문화를 체험 할 수 있는 곳이 또 있단다.

주소 Maekawa-1336 玉城前川 Nanjō-shi, Okinawa-ken 901-0616

여름 한정으로 동굴탐험을 할 수 있어.

류큐무라의 공연

류큐무라에선 시간마다 공연도 하고 있어!

에이사 춤 공연

북소리가 시원하게 울리는, 화려한 춤사위를 볼 수 있는 공연이야.

미치 주네

오키나와 각지에서 볼 수 있는 전통행사나 공연을 퍼레이드 형식으로 보여주는 공연이야.

전통쇼

옛 민가에서 진행되는 간단한 공연이야. 관람객도 함께 참여할 수 있어.

공연의 자세한 시간 스케줄은 홈페이지에서 확인!
https://www.ryukyumura.co.jp/ko/official/attraction/

AMERICAN VILLAGE

아메리칸 빌리지。

운전 하느라 힘들지?
아냐 괜찮아. 걱정마.

이정도야 식은죽 먹기지!
와~!
내가 교대로 해주면 너도 좀 쉴텐데..
나도 면허 있는데..

어? 너 면허있었어?
으응!

그럼 네가 해봐! 여긴 길도 한산해서 운전하기 딱 좋네! 운전 몇 번 해봤어?
두 번!

하하하! 내가 할게! 너는 지도를 열심히 봐주겠니?
안전 제일!
으응.. 그래!

오! 관람차다!
이따가 탈거야. 후훗!

응응! 재밌게 타고 와!
문워크!
쓰으으으
어디 가니.. 아 맞다..

엄마..
너 고소 공포증이지..

여긴 근데 오키나와의 다른 곳이랑 다르게
외국 사람들이 엄청 많다!

여기는 샌디에고의 시포트 빌리지를 본따서 만들어진
대형 리조트 마을이야.
도쿄돔 약 5개의 크기고 13개의 상업 시설들이
있어! 원래는 미군 기지로 이용되던 부지였다네.

크게 이 두가지 지역으로 알아두면 이해하기 쉬워!

데포
아일랜드
아메리칸 빌리지의
대표적인 지역이야.
음식점, 상점들이 모여있고,
빈티지 옷 가게들이 유명해.

USED
USED CLOTHING
사실 내 목표는 빈티지 샵에서 예쁜 원피스를 사는 거랄까나?
노렸군..

짠! 이 원피스 어때?

데칼코마니
마치 잘 노릇노릇 잘 구워진 계란말이...
뭐?

그만큼.. 예뻐 보인다는 뜻이야..
나 계란말이 엄청 좋아해..
너도 맘에드는 것 골라봐.
이상 하다..

오우!

나는 이런 부츠 신어보고 싶었어!
다그닥
다그닥

훗..
나란 초밥..
고독한 서부 보안관 초밥 스타일이야..

그거 안 벗으면 두고간다.
너 운전 못 하지..
앗! 넵넵!

나 부츠 벗었으니까
여기 들어가게 해줘!
그건 무슨
논리지..
Tacorice Cafe
Kijimuna

타코 라이스
기본으로 두 개 주세요!
생맥주도 두 개
주세요!
넵!
kijimuna

근데 타코라이스가 뭐야?
타코는 들어 봤는데..

타코라이스는, 멕시코 요리 '타코'를
바탕으로 1980년대에 탄생한
오키나와 요리야!
붐치키 치키

타코를 밥과 함께 그릇에
먹는다고 생각하면 돼. 다양한
소스와 토핑으로 조합이 가능해.

우와! 생각보다 훨씬
맛있는데?
헤헤. 뿌듯 뿌듯.

VI
TA
밥 먹더니 신났네.. 어디가?

오키나와를 대표하는
음식이 하나 더 있는데
말이야.

블루씰 아이스크림
BLUE SEAL ICE CREAM
PINKDRACULA'S
의심
여긴 아이스크림 가게잖아?
아이스크림이 오키나와 대표 음식이라고?
오키나와에만 있는
아이스크림 가게거든!

2차세계대전 직후 일본이 미국에서 항복하면서 오키나와는 미국의 통치를 받게 되었어. 미군들은 고향의 음식을 그리워했지. 그래서 미군기지에 아이스크림을 먹을 수 있게 만들었고 군기지 밖으로도 유통되면서 블루씰이 되었어.

진짜야..
오키나와에는 60개 이상의 블루씰 매장이 있어.
아마 다니면서 계속 보게 될 거야.
BLUE SEAL
BLUE SEAL
음.. 사실인가 보군..
하하. 그럼 그럼~

오호호호~ 아이스크림 색 너무 예쁘다!

넌 왜 한 개만 시켰어?
엄청 맛있는데?
네거 뺏어 먹으려고!

농담이야.. 입이나 닦고 먹어.
쓰윽

기대했던 것보다 아이스크림이 고퀄리티다!
맛있네
앗!

끄응
벌써 다 먹었네.. 하나 더 시켜먹어..

나하시에서 차로 30분 거리에는 '블루씰 아이스파크'도 있어.
블루씰의 역사를 볼 수 있는 박물관과
아이스크림 만들기 체험(사전예약제) 등을 할 수 있단다.

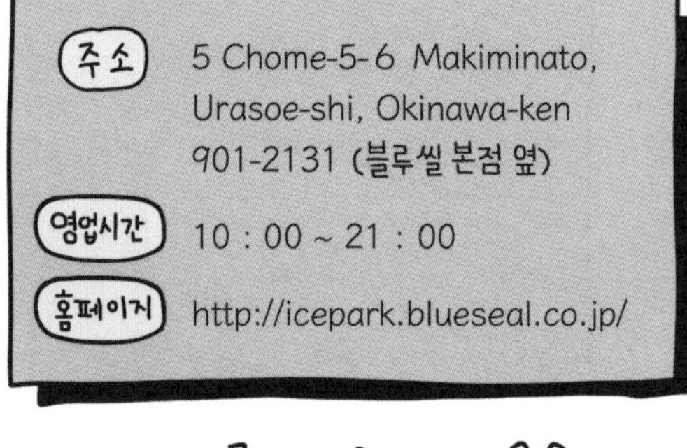

주소 5 Chome-5-6 Makiminato, Urasoe-shi, Okinawa-ken 901-2131 (블루씰 본점 옆)
영업시간 10 : 00 ~ 21 : 00
홈페이지 http://icepark.blueseal.co.jp/

이제 어디 갈..
저기!

난 여기서
너 타는 거 구경할게..
멀찌
감치..

살려줘..
몸이 너무 추워요~
지금
7월이야..
음..

그럼 넌 여기서 놀고 있어.
난 타보고 싶어서 말이지.
조심해.
으응.
고마워.

타니까 갑자기
비가 오네..

완전 공포영화 분위기잖아..
비올 땐 타지 말아야겠다.

갑자기 마구로가
보고싶네..
뭐하려나.

끄으으으응..

제발.. 제발.. 제발~!

또 실패다..
UFO CATCHER

나 그렇게 쉬운 고양이
아니다옹~
나도 쉬운 초밥 아니거든!
누가 이기나 해보자!
→ 쉽다.

Lanikai Terrace
오~이! 오랜만!
재밌게 잘 탔어?

자 여기 선물을 준비했어!
타느라
수고했어.
우아! 귀엽다!
고마워

오락실에서 동전 다 털어서
뽑았지롱!
탈탈
으음..

그냥 지나가다가 샀지롱!

인형 뽑기 했나보네!
으응..

암튼 고마워! 너무 맘에든다!

다행이다..
털털털

앗! 벌써 시간이
이렇게 됐네.
슬슬 돌아갈까?
AMERICAN
VILLAGE
나 아직
돌아다닐 수
있는데!

인형 뽑느라 많이 피곤했구나..
드르르러어엉~

아메리칸 빌리지

주소 15-69 Mihama, 北谷町 Nakagami District, Okinawa Prefecture 904-0115

영업 시간 연중 무휴

매력 포인트 & 솔직 후기

- 음식점, 오락실, 빈티지 가게들이 주를 이룬다.
- 빈티지 옷가게들이 생각보다 잘 되어있어서, 관심이 있다면 추천!
- 근처 호텔에 하루정도 숙소를 잡고 느긋하게 구경하는 것도 나쁘지 않은 것 같다.

여행지 꿀팁

아메리칸 빌리지에서
가볼 수 있는 다른 몇 가지
장소 추천!

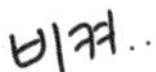

오키나와 겐베이

나만의 슬리퍼를 만들어
볼 수 있는 오키나와
최대의 슬리퍼 전문점

이온몰

대형 쇼핑 센터. 마트, 음식,
간단한 쇼핑이 가능하다.

선셋 비치

아메리칸 빌리지 가장
북쪽에 있는 해변.
해질 때 여유로운 산책 추천!

여기서 잠깐!

주변 맛집 스터디

국제거리

天神矢

된장 베이스 라멘

2-16-16 Makishi, Naha, Okinawa Prefecture 900-0013

C&C BREAKFAST OKINAWA

팬케이크

2 Chome−2−9-6 タカミネビル, Matsuo, Naha-shi, Okinawa-ken, 900-0014

Minosaku

복숭아 메밀 소바

3 Chome-8-1 Kumoji, Naha-shi, Okinawa-ken 900-0015

뿌듯 뿌듯

류큐무라

Sea Heart

샌드위치

1220-3 Yamada, Onna-son, Kunigami-gun, Okinawa-ken 904-0416

Cafe GOZZA

돈까스 샌드위치

2427 Yamada, Onna-son, Kunigami-gun, Okinawa-ken 904-0416

バルamo

이탈리아 요리

沖縄県国頭郡恩納村 山田3277-1 1F, 904-0416

아메리칸 빌리지

Taco Rice Cafe Kijimuna

타코라이스

14-1 9-10 데포아일랜드 빌딩 C, Mihama, Chatan-chō, Nakagami-gun, Okinawa-ken, 904-0115

Stripe Noodles

스테이크 라멘

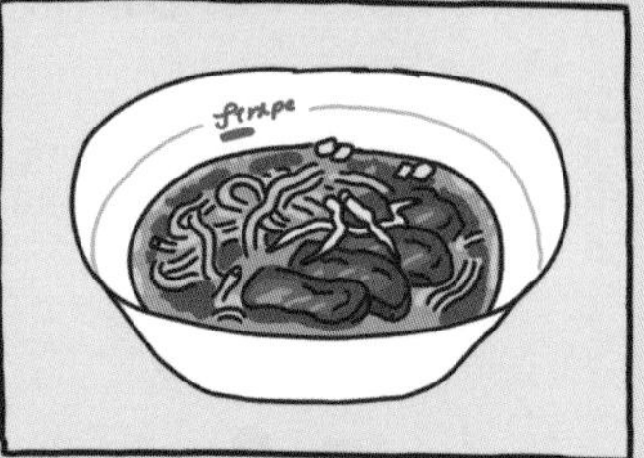

字桑江100−1, Kuwae, Chatan-chō, Nakagami-gun, Okinawa-ken, 904-0103

Chatan Burger Base Atabii's

아보카도 버거

데포아일랜드 해변 빌딩 B, Mihama 9-21, Nakagami-gun, Okinawa-ken, 904-0115

CHURAUMI AQUARIUM

추라우미 수족관。

후.. 덥다..
오늘은 숙소에서 시원하게 좀 쉴까?

뭐라고라고라?
앗힝!

빨리 다음 여행지로 렛츠 고!

그런 널 위해서 오늘은
시원한 곳으로 준비했어!

오오! 수영장?

아님, 에어컨 빵빵한
숙소?

조용히
따라와..
불끈!
넵! 넵!

沖縄美ら海水族館
OKINAWA CHURAUMI AQUARIUM
沖縄美ら海水族館
와~! 수족관이다!

막상 오니까 제일 신났네.
꽈악
앗.. 네..
그러네요..

추라우미 수족관 간단 소개

4층에서 1층으로 내려오는 구조랍니다!
1시간 30분 정도면 여유롭게
관람할 수 있는 크기입니다.

4층 대해로의 초대

건물 외부 입구, 산호의 바다 (상부)

3층 산호초 여행

촉감 체험, 산호의 바다, 열대어

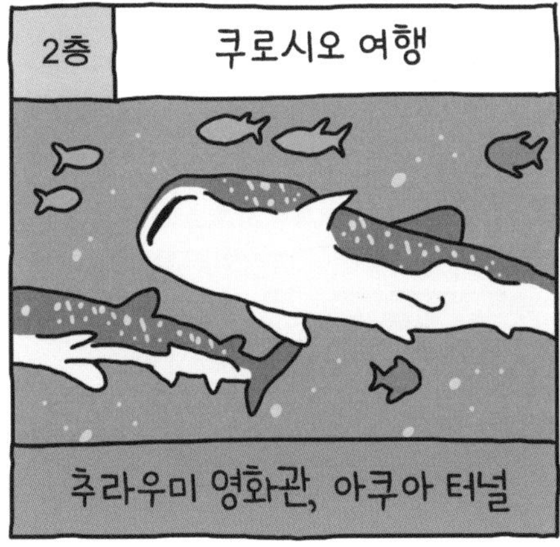

2층 쿠로시오 여행

추라우미 영화관, 아쿠아 터널

1층 심해 여행

고래 상어 & 쥐가오리 코너, 심층 바다

손으로 만져 볼 수
있나봐!
너 먼저 해봐.

왜.. 내가 먼저 해야되지?
젠틀맨 퍼스트!

흥! 누군 좋은 줄 아나!

물컹 물컹해! 으아아아!
난 안 해야겠다..
쓰윽

헤헤, 아기
물고기들이다!

아기 아니야..
원래 작은 거라구!

앗! 미안..
사실 나도
작아.
뜬금 없이
고백하지마..

정말 다양한 종류의
물고기들이 많네!

쿠로시오 여행
헉! 여기가 그 유명한 곳이야!

세계 최초로 고래상어 복수
사육을 실현한 곳이래.
와~! 친구가
생겼다
안녕?

여기에
팝콘만 있으면
완전 영화관인데!

그냥 팝콘 먹고 싶다고 말해..
음..

음
...
팝콘 보다 더
좋은 것
알려줄까?
긁적

뭔데? 그런게 있단 말이야?
뭐지.. 이 반응은..

이 대형 수조를 위에서도 볼 수 있다는 사실!!
짜잔~

바로 여기 1층 고래상어, 쥐가오리 코너 옆에 엘리베이터가 있어!
黒潮探険
Exploring the KUROSHIO
入口
高温多湿
17:30 OPEN

쿠로시오 탐험
우아아! 위에서 보니까
완전 신기해!

관람 시간
9 : 30
10 : 00
10 : 30
18 : 00
18 : 30
19 : 00
하절기(3월~9월)
'쿠로시오의 바다'
초대형 수조를
위에서 자유롭게
관람할 수
있는 코스야.
고래상어야 안녕?
말하는 초밥이다..

그렇구나. 이제 슬슬 뭘 좀
먹으러 가볼까?
님아
제발..

그럴 줄 알고
준비했지!!
나만 따라와!
오호! 이제야
말이 통하는군.

오잉? 다시
밖으로
나와 버렸네?

귀여운 돌고래쇼 할
시간이지롱!
귀여우니까 봐준다.
속았지?
흥칫뿡!

오키쨩 극장

꺄!
우우아아!

돌고래가 저렇게 높이 뛰는 줄 몰랐어! 엄청 잘 뛰네!
후훗!
거봐! 오길 잘 했지?

관람 시간(약 20분)
11:00
13:00
14:30
16:00
17:30
4월~9월
5~10분 전에는 도착해야 좋은 자리에서 볼 수 있어!
넵 넵!

그 외 관람시설

무료!

오키나와 근해에 서식하는
바다거북들을 사육하는 곳

돌고래를 가까이서 관찰하면서
먹이주기 체험(500엔)도 할 수 있어.

'매너티'라는 포유류야. 현재 멸종 위기이고,
성장하면 크기는 3 ~ 4.5m, 체중은 300 ~ 500kg까지 자란대.
어이~! 반가워!

500kg까지 자란다고?
끄덕

난 다 컸는데
고작 73kg인데..
이상한 거에
주눅들지마..
소심..

둥실
둥실
어쩐지, 몸매가
예사롭지 않았어..

퉁
퉁
나도 예사롭지 않은 몸매를 하나 알 고 있지.

옹?
아니야. 깔깔깔

오옷! 저기가 돌고래 라군인가봐. 가보자!

돌고래 라군

와! 귀엽다! 돌고래쇼 잘 봤어~

초밥 맛있게
생겼네
안녕~ 다음에
또 봐!

재밌었어!
몸과 마음이
시원해 지는 기분!
오키나와
필수 코스라구!

자, 이제 진짜
밥먹으러 가자.. 앗!
빨리와~
배고파~
언제 탔지?

추라우미 수족관

주소 424 Ishikawa, Motobu, Kunigami District, Okinawa Prefecture 905-0206

영업 시간 8:30am ~ 7:00pm (월요일은 시간이 달라질 수 있음)

매력 포인트 & 솔직 후기

-바닷가에 있는 수족관이라서 분위기와 경치는 정말 최고!

-대형 수조를 위에서 직접 볼 수 있는 쿠로시오 탐험.

-오키나와에 왔으면 꼭 가봐야하는 관광지.

여행지 꿀팁

관람 시설마다 시간이 정해져 있는데, '쿠로시오 탐험'이 시간이 애매하기 때문에 모든 시설을 보기 힘들 수도 있어. 그래서 이 사케짱이 알짜배기를 모두 챙겨볼 수 있는 시간을 알려줄게!

실내			실외
9:00	9:30	10:00, 10:30	13:00
수족관 도착	쿠로시오의 바다 (먹이 시간)	쿠로시오 탐험	돌고래 쇼
			바다거북관, 매너티관, 돌고래 라군

9시 도착이면.. 늦잠을 잘 수 없는 일정이잖아!
부지런한 사람이나 아침잠 없는 사람 전용 코스!

* 2018년 7월 기준. 더 자세한 시간은 홈페이지 참고.

그 외 관광지 소개

본문에서는 다루지는 않지만 잘 알려진 오키나와 관광지들을 소개할게.

18 세기 초 류큐 왕이
이 지역을 방문했을 때
"만 명을 앉을만한 벌판"
이라고 칭찬 한 것이
그 유래가 되었어.
드라마 배경지로 유명해.

모토부반도의 북쪽 바다에 위치한
코우리섬으로 가는 다리로,
오키나와에서 두 번째로 긴 다리야.
날씨가 좋은 날이라면 양옆으로
펼쳐지는 오키나와 바다의
아름다움을 감상할 수 있어.
중간에 차에서 내려 경치를 구경할 수
있어서 유명해.

해발 82m 높이에 있는 하얀
전망탑은 코우리대교와
주변 바다, 오키나와 경치를
한눈에 바라볼 수 있어.
1층에는 코우리섬의 역사가
전시된 코우리섬 자료관이 있단다.
그 외에도 아름다운 경치를
구경하며 식사할 수 있는 음식점들,
다양한 상품을 판매하는
기념품 가게가 있어.

사실 위에 소개한 세 곳을 전부 다
다녀왔지만.. 날씨가
도와주질 않아서..

사.. 사진이..

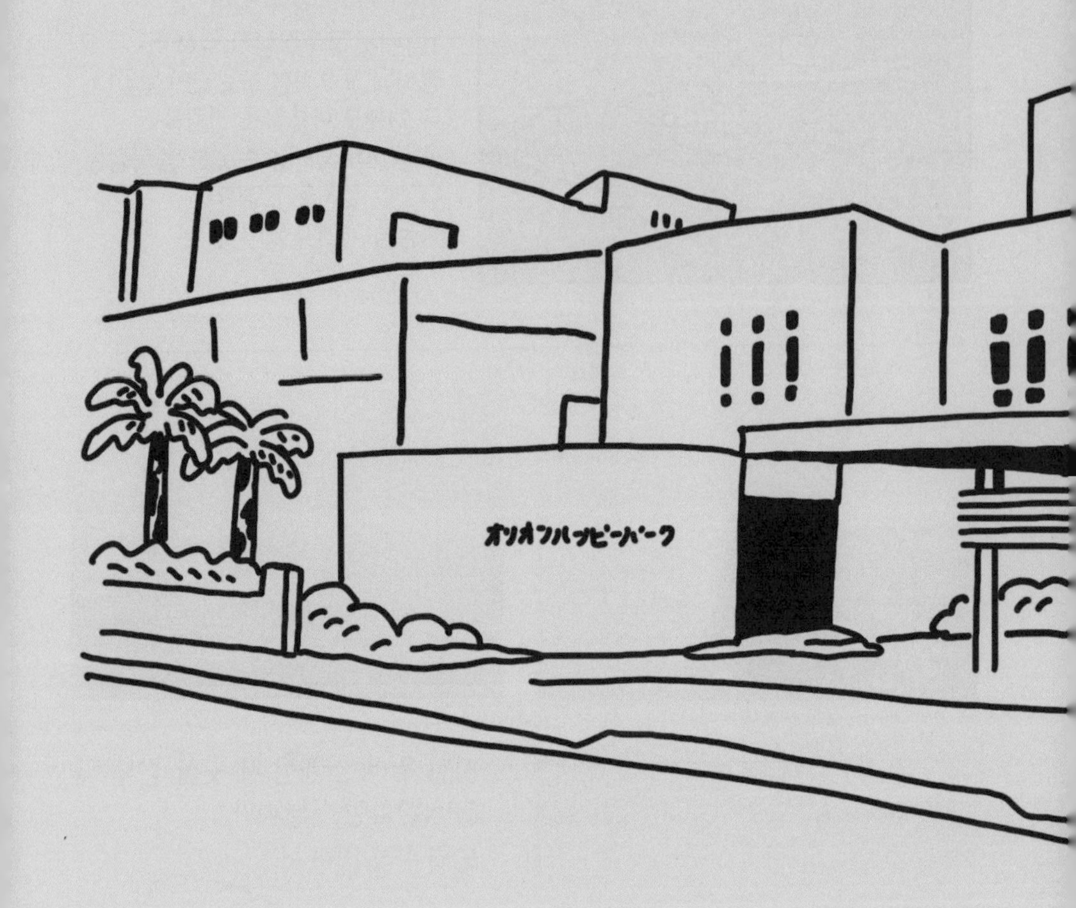

ORION HAPPY PARK

오리온 해피파크。

오늘은 내가 가고 싶은 곳이 있어!

너 몰래 미리 예약도 다 해놨지..
후후..

거기가 대체 어딘데?
쉽게 알려줄 수 없어!

훗..!
힌트를 좀 주자면
오키나와 하면 생각나는..

오리온 맥주 공장이구나!

꺄르르르~

뭐?...

역시 오키나와하면 오리온 맥주지!
가자!
택시!

★★★
Orion
オリオンハッピーパーク
ORION HAPPY PARK
P
으음...
여기 오려던 거 맞지?

부드럽고, 목넘김이 좋은 게
특징. 약간 밍밍할 수도 있지만
깔끔한 맛이라고 할까나..
계속 들어 간다..

세상 좋아졌군..

현재는 일본 각지에서도 만나 볼수 있으며,
우리나라 음식점에도 생맥주로 판매해.
홈페이지에서 가게를 확인해 볼수 있어.

https://www.orionbeer.co.jp/ko/place/bar.html

맥주 공장 견학 투어는
아래 사이트에서 보고 예약하면 끝!

https://www.orionbeer.co.jp/brewerytour_en/kr/

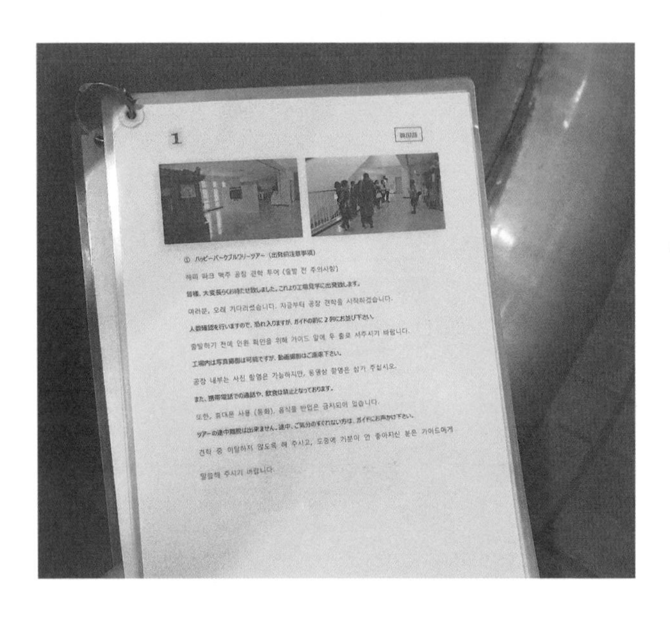

이건 뭐지..

숙제 인가..

투어 설명은 일본어로 진행되기 때문에, 자세한 내용은 알기가 힘들어.
접수대에서 한국어로 된 프린트를 배부하니 꼭 받도록 하렴.

마치야과는 1960년대 동네 구멍 가게야.
지금의 편의점 같은 거지.
당시 오리온 맥주를 주로 여기서 팔았대.

편의점하면
내가 또..

ORION DRAFT BEER
ORION
light BEER
DRAFT BEER
SUMMIT
약간 촌스러워
보이는 데
귀엽네
마치
너같아..

자! 투어하시는 분들은
여기로 오세요~!
넹!

나 떨려..
괜찮을까?
왜 긴장하는
건지는 모르겠지만
그냥 투어야..
별일 없을 거야.

원료 분쇄 → 담금 → 발효 → 저장

→ 여과 → 병/캔 주입

그리고 맥주 시음

캬!

원료 분쇄

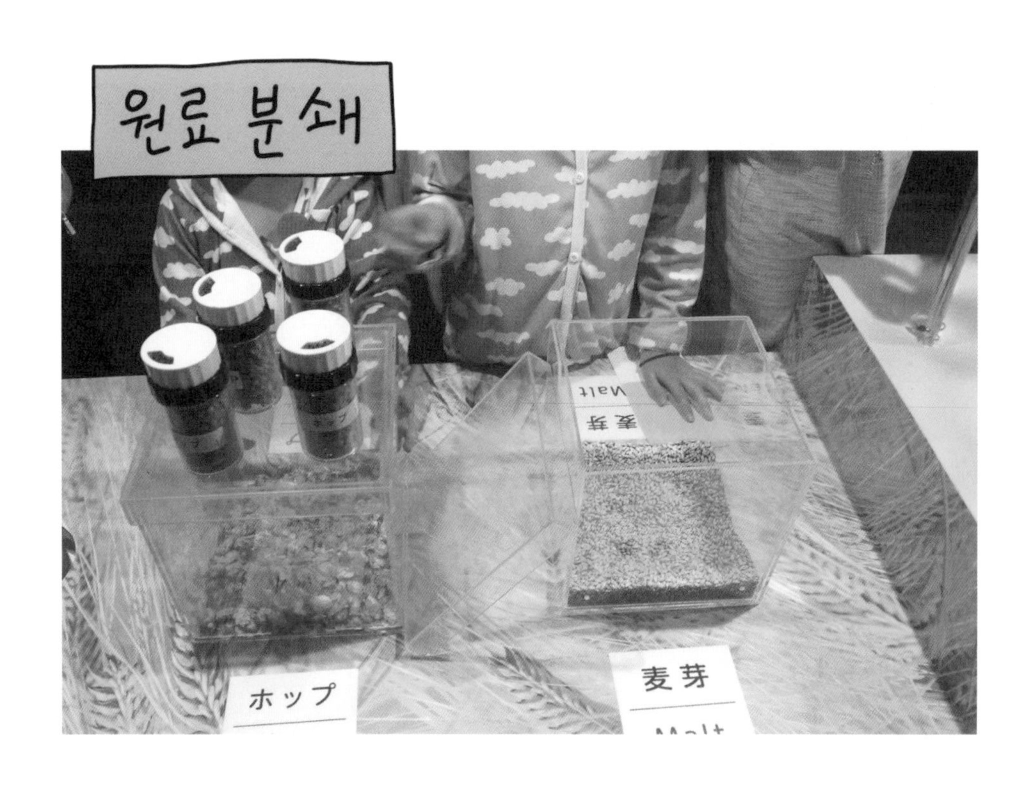

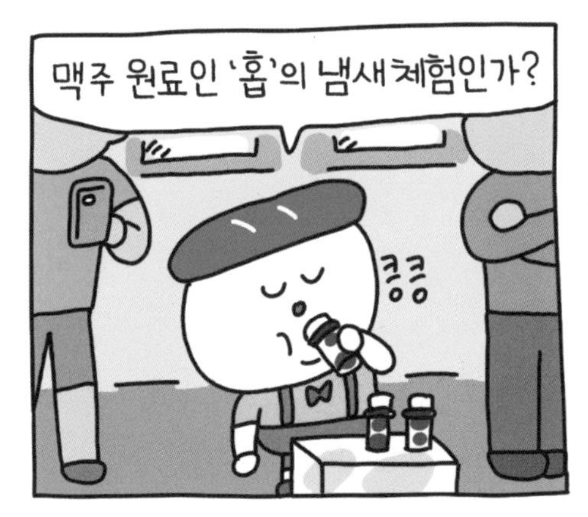

맥주 원료인 '홉'의 냄새 체험인가?
킁킁

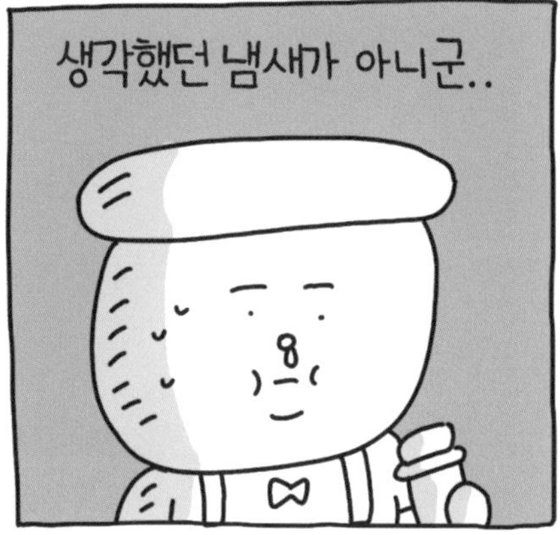

생각했던 냄새가 아니군..

仕込
MASH
홉 냄새 그만 맡아...
여기서 홉을 물처럼 만드나봐.

안쪽에는 굉장히 덥네.
사우나 같아..

맥주발효에 적합한 맥즙을 많이
얻으려면 높은 온도여야 한대.
여기 더 있다가는
나도 맥즙이 나올거 같아..

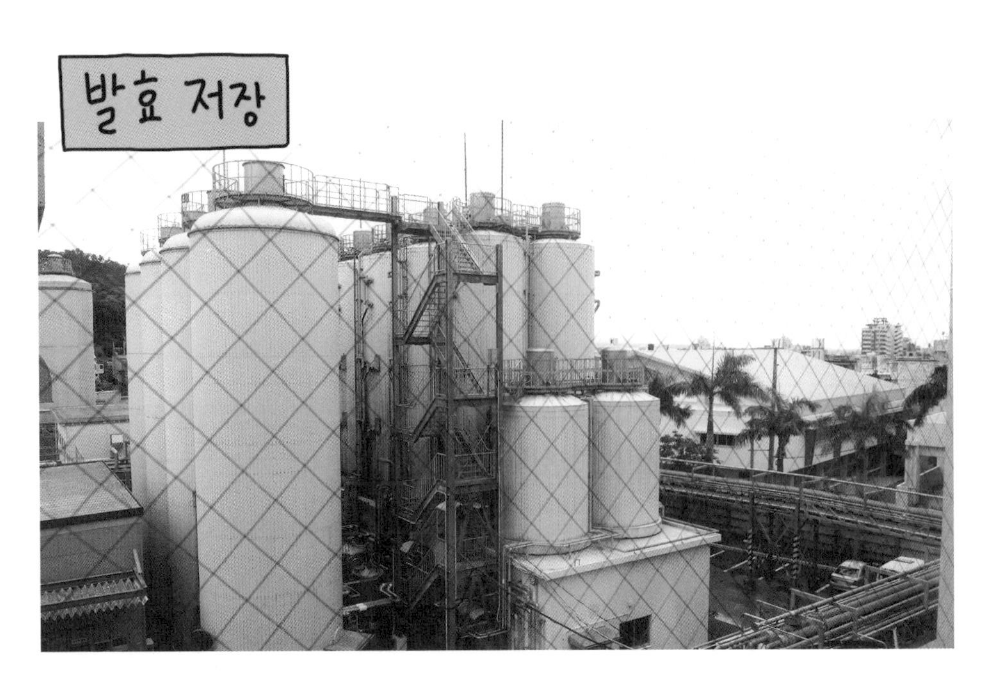

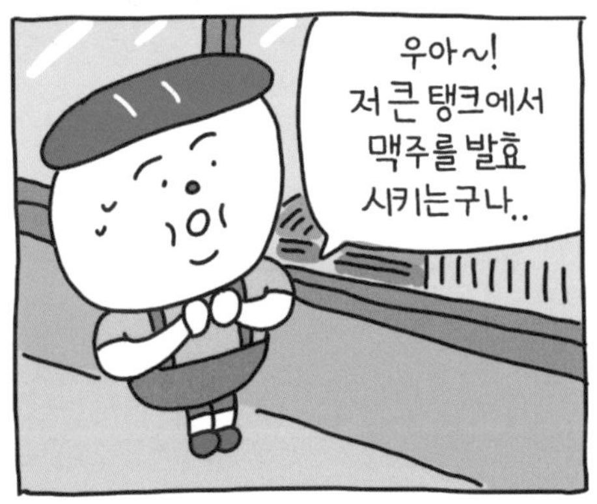

우아~!
저 큰 탱크에서
맥주를 발효
시키는구나..

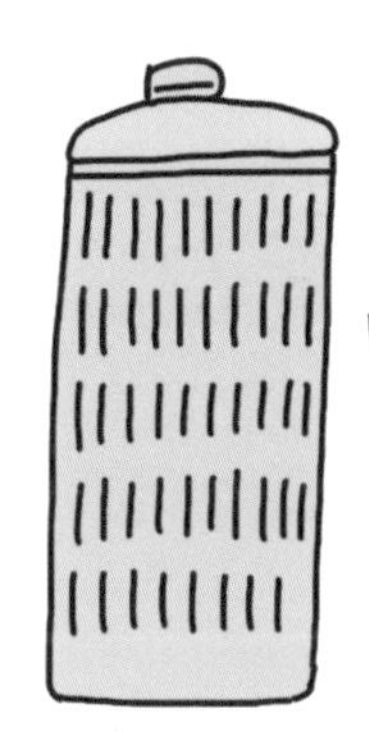

내가 평생먹고도
남을 것 같아.

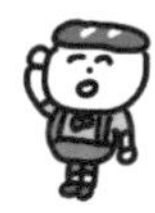

글쎄.. 왠지 모자랄것 같은데..
에이, 설마..
빤히
아닌가..?

병 주입

음.. 기계들이 열심히
일하고 있군. 안심이야.
너가 왜..

시음
ORION'S ORIGINAL BREW
Orion
DRAFT BEER
レストランご利用のお客様は会計カウンターにてご注文ください。
restaurant
こちらへ
사실 이것 때문에
여길 왔다해도 과언이 아니지.

하하하하
맥주 공장에서 먹는
맥주 맛은 과연 어떨지!!!

너무 멋있다..
난 보이지도 않나보네

에이, 무슨 소리야!

저기. . 여기 사람 있는데요. .

꿀꺽
꿀꺽

캬~!

어때? 맛이 좀 달라?

ㄱㄱ으으응

잘은 모르겠는데 그냥
여기서 먹어서
맛있나봐~
머쓱
그거면 됐지 뭐. 짠!

오리온 해피 파크

주소 名護市東江 2-2-1, 2 Chome−2, Nago-shi, Agarie, Okinawa-ken, 905-0021

영업 시간 오전 9:00~오후 6:00

매력 포인트 & 솔직 후기

- 오키나와에서 계속 마주치게 되는 오리온 맥주! 맥주를 좋아한다면 한 번쯤 들러보는 것도 나쁘지 않아.

- 생각보다 싱겁게 끝날 수도 있지만, 가기 전에 맥주 제조에 대해 조금만 알고 간다면 재밌게 관람할 수있어. (접수대에서 한국어 설명서 받는 것은 필수!)

여행지 꿀팁

오리온 맥주와 즐거운 음악 공연이 함께 하는 오리온 맥주 축제가 매년 오키나와 각지에서 열린단다.

개최 일시 및 장소 : 홈페이지 참고
https://www.orionbeer.co.jp/ko/place/beerfest.html
* 입장 무료, 미성년자만의 입장은 불가능

오키나와의 맥주

미국 통치 하였던 1957년에 오키나와의 산업을 부흥시키기 위해 오키나와 맥주 주식회사를 세웠고, 1959년에 오리온 맥주로 바뀌게 되었어. 오리온 맥주는 오키나와를 대표하는 맥주 브랜드가 되어 오키나와 어디에서나 쉽게 만나볼 수 있단다.

오키나와는 대표 맥주인 오리온 맥주 말고도
7개의 소형 양조장에서 생산하는 다양한 맥주가 있어.

헬리오스 고야맥주

오키나와의 전통 재료인
고야향이 나는 맥주.

니헤데 맥주

오키나와 남부 "오키나와 월드"에 있는
동굴의 지하수를 사용해 양조한 맥주.
오키나와 월드에서 맛볼 수 있어.

이시가키섬 향토 맥주

독일의 닥스브로이사의
기술 제공 아래 이시가키섬의
풍토에 맞게 양조한 맥주.

FUKUGI NAMIKI OF BISE

비세 후쿠기 가로수길。

하암.. 아침부터
왜 이렇게 바쁘신가요..?
요기 앞에 좋은 산책로가
있어서, 잠깐 가보자.

더 자고 싶은 데.. 졸려어~
거기 괜찮은 카페가
있는데..
휙

후훗! 아직 준비 덜 됐니?
샥
빠.. 빠르다

역시 아침엔 바닷가
산책이지!
...

여긴 바닷가도 좋지만
옆으로 살짝 들어가면..

와~!

오키나와는 옛부터 태풍을
막기 위해 집 주변에 나무를
심어 놓았는데 이것을
방풍림이라고해.

비세 지역은 해변을 따라
쭈욱 나무가 심어져 있어서
가로수길이 되었어.

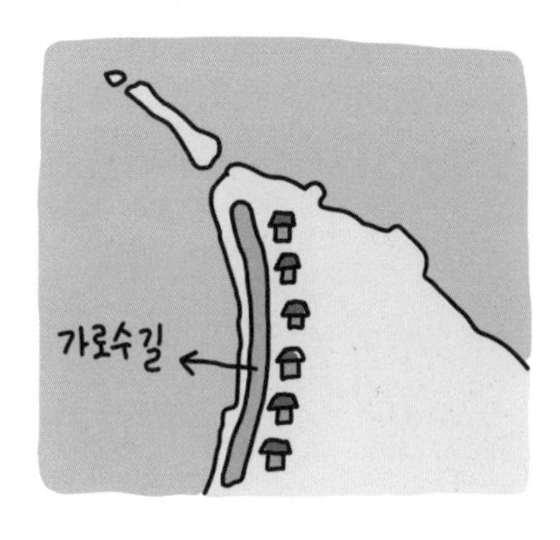

후쿠기는
망고스틴 나무의 일종이고,
나이가 300살이 넘은 것도 있대!

주변에 아기자기한 카페나
음식점들이 몇 개 있단다.

앗! 고양이다.
귀여워.
야옹~

무안..
폴짝!

너무 기죽지마.
한 번 따라가 보자!

시무룩..

비세 스타일
앗! 도망간 게 아니라 날 음식점으로 유인하다니.. 보통이 아닌 걸...
Food & Drink
OPEN
Bise style

흠.. 아침이니까
간단하게 먹어볼까?
간단하게라..

일단 오리온 맥주 2잔이요 ~
아직 낮
11신데..

그리고..
음
끄응

. . .

새우 아보카도 토스트 요!
해맑
누구보다
신중하군..

와~ 이거 진짜 맛있다!
역시.. 신중하게 고른 보람이 있네.
쑥쓰..

가로수길 끝에는
물놀이 할 수 있는
곳이 있어.
나 근데
수영복을
안 가지고
왔는데..

걱정마! 내가 누구니?
다 챙겨왔지!

앗.. 고맙긴한데.
뭔가.. 그렇게 들고 있지
말아줄래?

주소 Bise, 本部町 Kunigami District, Okinawa Prefecture 905-0207

물이 너무 맑아서
물고기가 보여!

앗...

조심해 제발..
네..
어머나

温水
シャワー
BOSS
엉차!

고마워!

음.. 역시 내가 좋아하는 맛이야.
훗!

오옷!
또 다른 고양이다.

날 좋아하나봐.
냐~
음식 달라는 거 같은데..

에이..
그런거 아니야.
참치다옹~
츄릅

이 놈의 인기란..
아쉽지만 안녕~!
냐~

하암~
너무 일찍 나왔었나?
아니 딱 좋아!
이제 점심
먹으러 가면 돼!

비세 후쿠기 가로수길

주소 626 Bise, 本部町 Motobu-chō, Kunigami-gun, Okinawa-ken 905-0207

영업 시간 주변 식당 시간 약 12:00 pm ~ 5:00 pm

매력 포인트 & 솔직 후기

- '방풍림 산책 + 비세자키 해변 + 주변 식당 식사'를 한 코스로 잡으면 좋아. 저녁보다는 점심 쯤으로!
- 추라우미 수족관 바로 옆이라, 수족관 갔다가 시간이 남으면 들러도 좋은 코스!

여행지 꿀팁

가로수길 입구에 자전거 대여소가 있어.
자전거를 타며 가로수길을 구석구석 다니는 것도 또 다른 느낌!

여기서 잠깐!

주변 맛집 스터디

추라우미 수족관

유키친

타코라이스, 카레

9 4 6－1 Ishikawa, Motobu-chō, Kunigami-gun, Okinawa-ken 905-0206

CafeRestaurant LA TiLLA

스테이크, 피자

1046-2 Yamakawa, Motobu-chō, Kunigami-gun, Okinawa-ken 905-0205

Okinawa Soba Sea Garden

오키나와 소바

332-1 Toyohara, 本部町 Motobu-chō, Kunigami-gun,Okinawa-ken 905-0204

나만 믿고 따라오렴~

오리온 해피파크

Danbo Ramen Nago

라멘

5 Chome-10- 3 6 Agarie, Nago-shi,
Okinawa-ken 905-0021

나고어항 수산물 직판소

다양한 생선 요리

3 Chome-5-16 Gusuku, Nago-shi,
Okinawa-ken 905-0013

Panchori-na

빵집

3 Chome-1-18 Ōnaka, Nago-shi,
Okinawa-ken 905-0017

비세 후쿠기 가로수길

Cafe BiseStyle

새우 아보카도 토스트

543 Bise, Motobu-chō, Kunigami-gun,
Okinawa-ken 905-0207

Okinawasun

스무디

２２４, 本部町Bise, Kunigami District,
Okinawa Prefecture, 905-0207

코코 식당

치킨, 계란 오키나와 소바

355 Bise, Motobu-chō, Kunigami-gun,
Okinawa-ken 905-0207

An-Chi BEACH

안티 비치。

그건 바로 오키나와하면
생각나는~~~!

당연히 돼지 고기..

해변!
해... 해변!!!

오키나와 하면 해변으로 시작해서 해변으로 끝난다구!

우와! 나도 레저 하나쯤은 해보고 싶어!
수영만 해도 재밌지만 거기다 다양한 해양 레저도 즐길 수 있어!

다양한 오키나와의 해양 레저

스노쿨링

각종 보트

서핑

스쿠버 다이빙

플라잉 보드

카약

패러세일링

낚시

나도 그럼 바나나 보트 정도는
탈 수 있겠다!

뭐? 그 말 꼭 기억해야해..
후후..
후회

오홍!

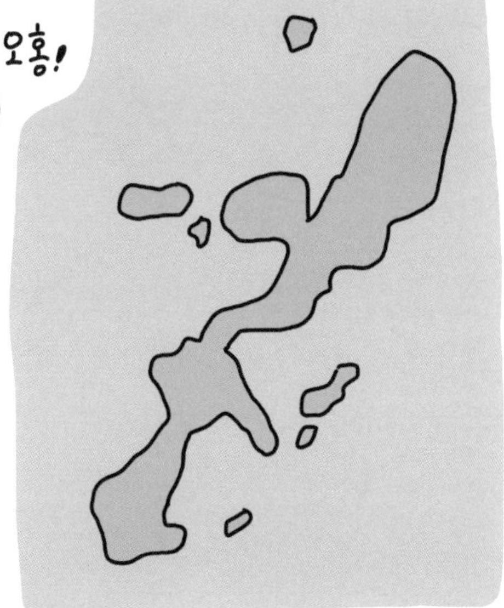

오키나와에는 수십개의
해변이 있어. 모든 해변이
에메랄드 색 푸른 바다여서
어딜가나 좋은 경치를
만날 수 있단다.
(유료 해변도 꽤 있어!)

오키나와 해변 소개

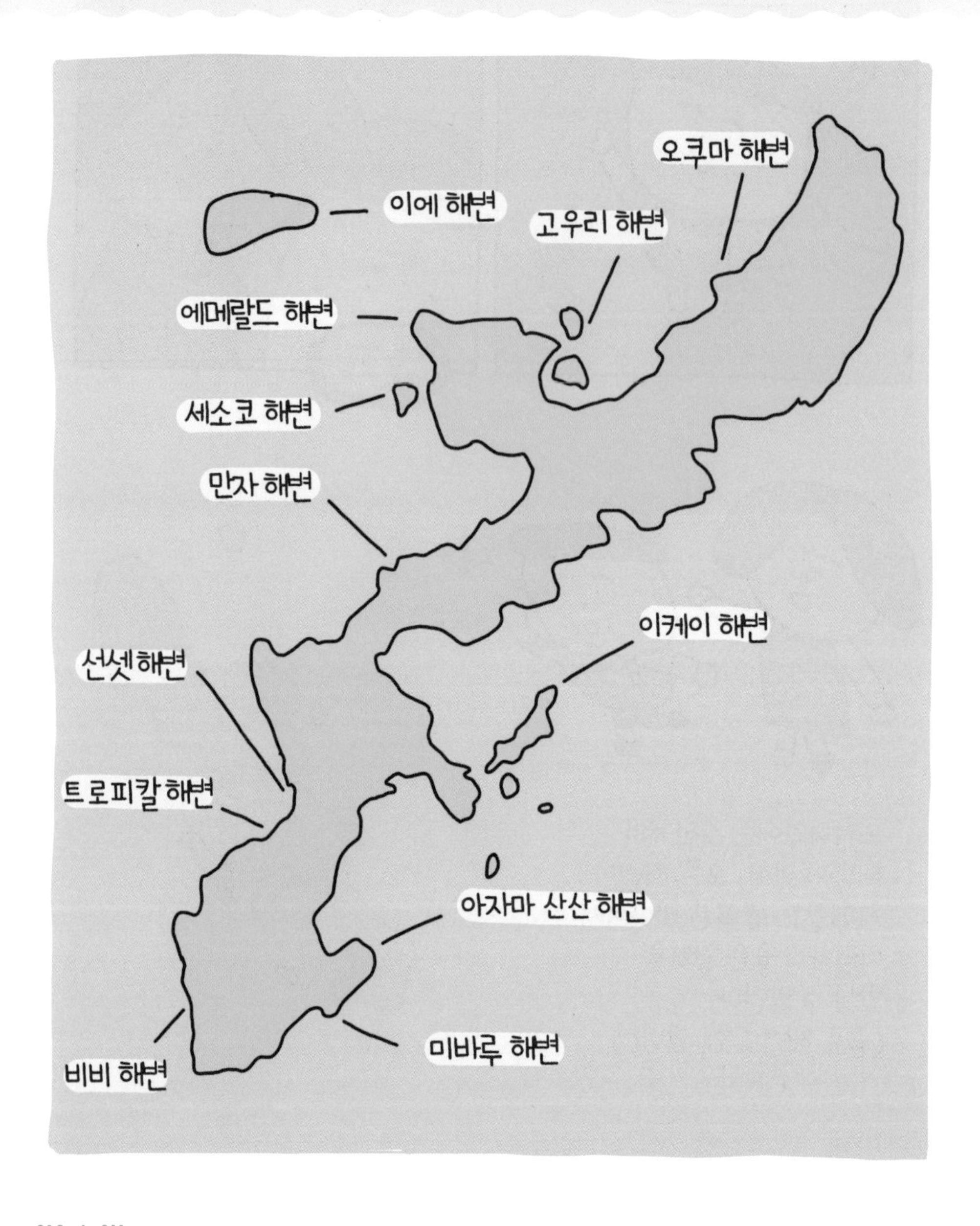
오쿠마 해변
이에 해변
고우리 해변
에메랄드 해변
세소코 해변
만자 해변
이케이 해변
선셋 해변
트로피칼 해변
아자마 산산 해변
미바루 해변
비비 해변

후루자마미 해변
아하렌 해변,
토카시쿠 해변
이 외에도 더 많은 해변이 있어!
요나하
미하마 해변
콘도이 해변
니시하마 해변

오키나와 바다는 맑고
깨끗한 에메랄드 빛 색을
가진 게 가장 큰 특징이야.

우앙! 너무 예쁘다!

잠깐.. 당연한 것이지만
한 가지 알아둬야 할 점이..

화창한 날

와아~

우중충한 날

너무 극명하게
차이가 난다..

날이 안좋으면.. 해변색이 절망적이야..

와~ 바다다!!
툭
철푸덕
와~
엔돌핀 과다 분비

진정해! 바닷가에서는
안전이 제일 우선이야!
넵넵!
덥석

근데 아까 했던 말 기억나?
음..

그럼 나도
바나나보트
정도는
탈 수 있겠다!
해
말
아뿔싸!

엇! 그게 말이...

어느새...
일단 입어!

나 수영 못 하는데..
안 떨어지겠지?
글쎄. 그건 얼마나 너가
잘 붙잡고 있는지에 달렸지.

끼이이약!
살려주세요!!

빙글
뱅글

사... 살아야 해..
혼미
꼬옥

꺄아아~! 재밌다!

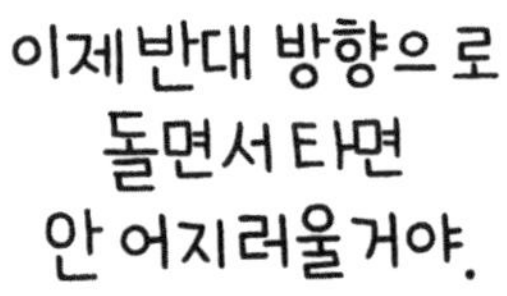
이제반대 방향으로
돌면서타면
안 어지러울거야.

너무 어지러워.

한 번 더?

헐 쑥..

하하하 농담 농담!
추욱

역시 바다에서는
아무것도 안하고 누워있는 게..

오키나와 바다의 저 에메랄드 색과 하늘의 푸른색은 정말 힐링이야.
에메랄드색 바다를 보니.. 블루씰 아이스크림 중에도 저런 색이 있었던 것 같아.

그런 건 귀신같이 잘 기억하네..
자신만만
기억하는 게 아니야.
본능적으로 입력되는 거라구.

아까 보트 탈 때랑 표정이 너무 다른걸?

쉿!..

안티 비치

주소 2646-3 Sesoko, Motobu-chō, Kunigami-gun, Okinawa-ken 905-0227

영업 시간 연중 무휴

매력 포인트 & 솔직 후기

- 해변이라고 하기에도 작은 바닷가야. 시끌벅적 활기 넘치는 해변도 좋지만 조용히 여유를 즐기고 싶은 사람들에게 추천해.
- 긴 다리가 큰 그늘막이 되어 주는 신선한 해변. 각종 레저활동도 체험해 볼 수 있어.

여행지 꿀팁

오키나와의 자외선은
도쿄의 1.5배,
홋카이도의 약 2배야.
선글라스와 선크림은
필수로 챙겨야 하고,
선텐은 웬만하면
자제하는 게 좋아.

한낮에는 굉장히 뜨거움으로 이른 아침이나 저녁 해지기 전
시간에 물놀이를 추천해!

오키나와의 날씨

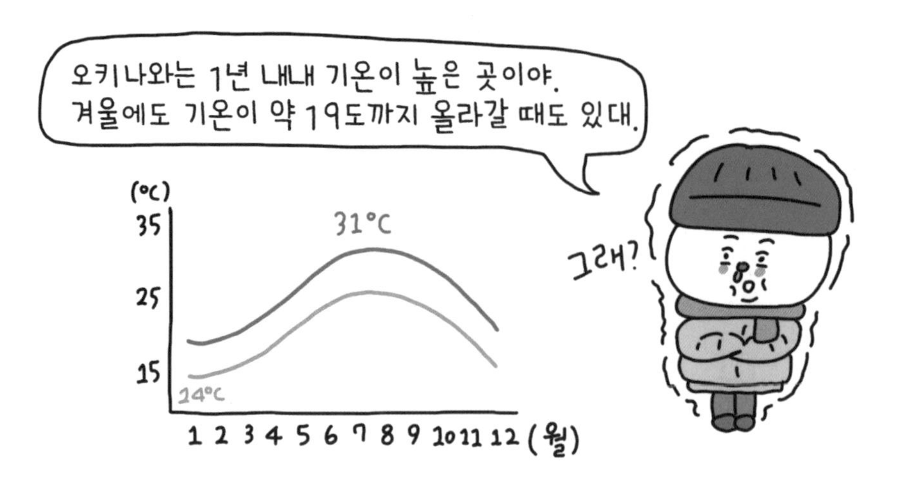

3월 말부터 10~11월까지도 덥고 12월부터 2월까지는 쌀쌀한 정도야. 하지만 섬이다보니 바람이 강하게 불기 때문에 추위에 민감한 사람은 자켓 하나정도는 챙겨가도록 해.

오키나와의 성수기는 7, 8, 9월이야. 이 시기에는 쨍쨍한 햇빛과 푸른 하늘, 에메랄드색 바다와 다양한 해양 액티비티를 체험할 수 있어.

6월 말 ~ 7월에 태풍이 자주 오기도 해. 출국일이 다가오면 일기예보를 자주 확인하도록 하자(태풍은 9월까지 올 수도 있어).

아..
앙대..
그리고 일본의
다른 지역보다
자외선이 강하기 때문에
모자, 선글라스,
선크림은 필수!

SHURI CASTLE

슈리성。

덥다 더워..
오늘 날씨는 맑은데
굉장히 덥네.

그런 의미에서 오늘은
실내 스케쥴 인가요?
제발요..

그런 의미에서 야외입니다만..
어쩔
수 없어..
...

우리 어디로 가는 거야?
거의 다 왔어!

여긴 성터같은데..?
응 맞아. 여기서부터가 슈리성이야.

슈리성

약 14세기에 지어졌다고 알려져있어. 그후 1406년부터 1879년까지 약 500년에 걸쳐 류큐문화의 중심지였대.

오호 그러니까, 한국으로 치면 경복궁 같은 거구나.

음 비슷하다고 할수 있지.

근데 왜 이름이
슈리성이야?
슈리는 예전
류큐왕국의 수도
이름이였어.

너 설마
여기서
나 몰래
일하니?
어떻게
알지?
후훗!
이정도
쯤이야.

정전
봉신문
광복문
누각문
서천문
환회문
수례문
슈리성의 여러 개의 문을 통과하면, 마지막엔 언덕 꼭대기에 있는 정전에 도달하게 돼.

문마다 간단한 뜻이 있어. 내가 가면서 알려줄게!
오옷! 대단해 어떻게 알아?
팜플렛에
다 나와있어..

슈레이몬 (수례문)

첫 번째 문은 수례문이야.
2,000엔 짜리에 그림으로 들어가있어.
예절을 중시한다는 의미의 문이야.

2,000엔권은 오키나와에서 열린 밀레니엄 2000년 G8 정상회담 기념으로 만든 지폐로, 현재는 발행하지 않는 지폐야.

칸카이몬(환회문)

슈리성의 정문이야. 여기서부터가
본격적으로 성안이야.
성을 방문하는 사람에게
환영한다는 뜻을 가지고 있어.

오옷! 역시나
여기에서도 시샤
발견~!
여기 말고도
곳곳에 다양한
동물 장식이
되어있어.

얼마 안 걸었는데
왜 숨이차지..
헉헉
다시 한 번 말하지만..
슈리성은 약간 언덕이라구,
웬만하면 편한 신발..
아 맞다..
언
덕
빨리와~
같이가..
꺄르르

즈이센몬(서천문)

이 문 앞의 샘물을
즈이센이라고 했어.
그 이름을 따서
즈이센몬!

즈이센은 또 무슨 뜻이래?
경사스러운
샘물이라는
뜻이야.

성루 안의 물시계로부터
이름이 붙여진 문.
신분이 높은 공무원도 국왕에게
경의를 표하기 위해 가마에서
내리고 갔다고 해.

고후쿠몬(광복문)

廣福
오잉? 갑자기 문 색깔이 온통 빨간색이야.
여기부터 궁궐 안에 들어가기 때문이야.

CAUTION!
券
売
所

정전 안으로 들어가려면
티켓을 구입해야 해.
제일 중요한
곳부터 돈을 받네.
어쩔 수 없군..
한국어 안내 팜플렛이 배치되어 있습니다.

호신몬

정전으로 연결되는 마지막 문이야. 3개의 입구가 있는데
중앙의 문은 국왕이나 신분이 높은 사람만 통과할 수 있었어.

정전(세이덴)
와~ 정전이....

하필.. 공사중인가봐..
어? 그러고보니
그림으로 둘러싸여 있잖아?

못 알아
볼뻔..

어전 건물 설명

정전

1층

시챠구이 : 국왕이 정치나 의식을 거행하는 곳.

우사스카 : 국왕의 옥좌.

2층

우후구이 : 왕비나 신분이 높은 궁녀들이 사용하던 곳.

북전

중요 안건을 의논하던 정무의 중요한 기관. 또는 중국의 사신을 맞이하던 곳.

현재는 전시, 기념품 판매.

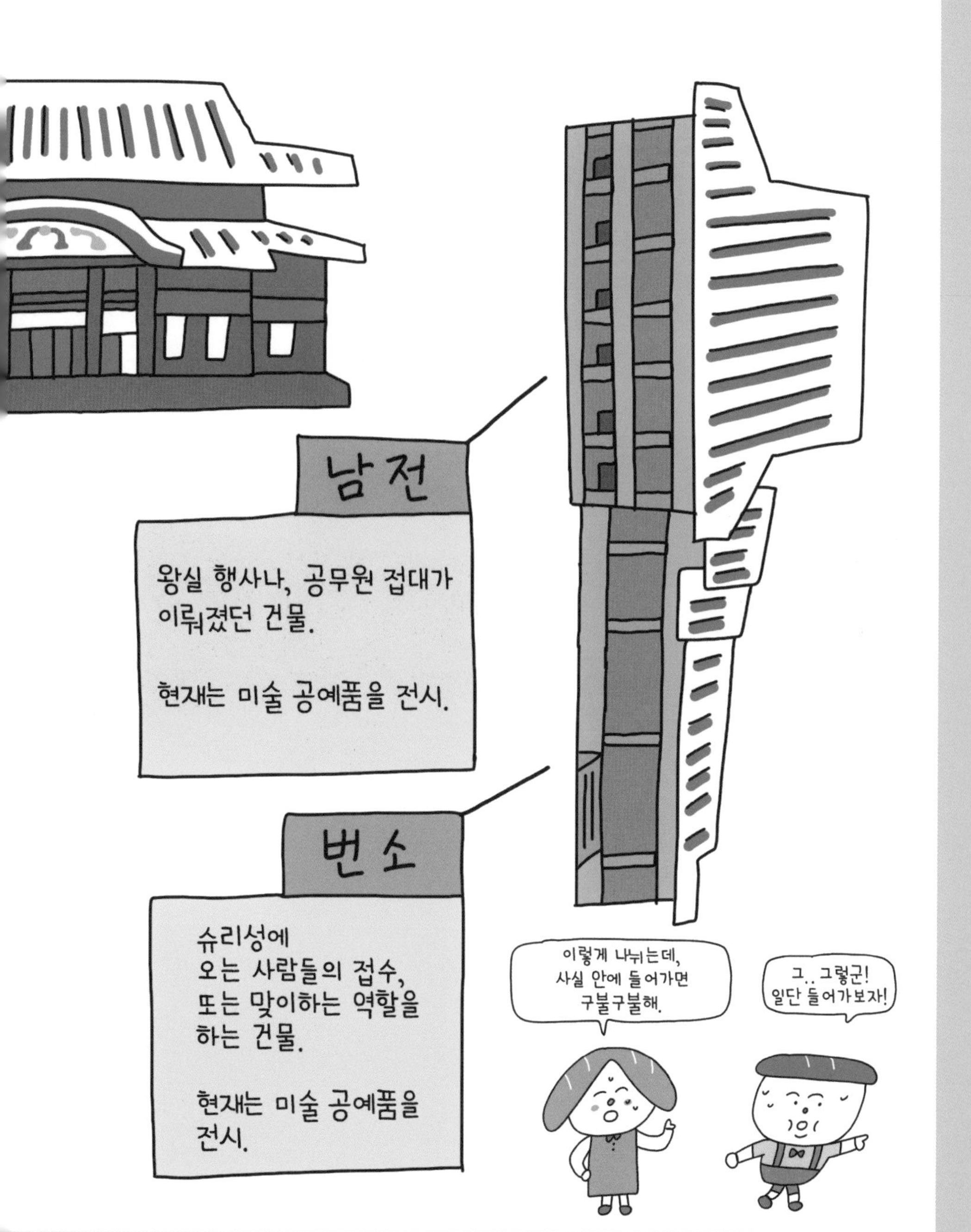
남전
왕실 행사나, 공무원 접대가 이뤄졌던 건물.
현재는 미술 공예품을 전시.
번소
슈리성에 오는 사람들의 접수, 또는 맞이하는 역할을 하는 건물.
현재는 미술 공예품을 전시.
이렇게 나뉘는데, 사실 안에 들어가면 구불구불해.
그.. 그렇군! 일단 들어가보자!

슈리성은 예전부터
전쟁 등으로 여러번
소실되고 복원하기를
반복하였대.

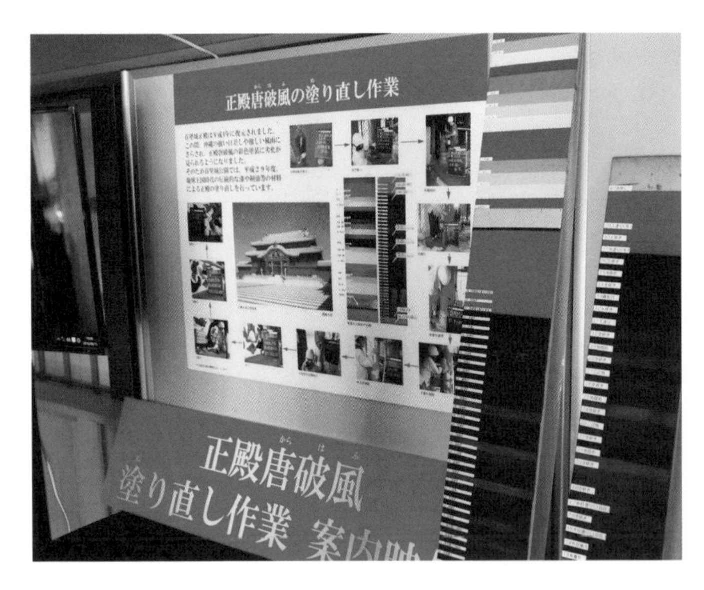

복원 때
사용했던
색깔인가
보군.

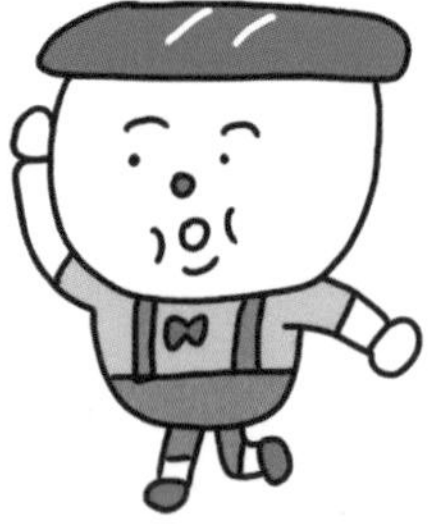

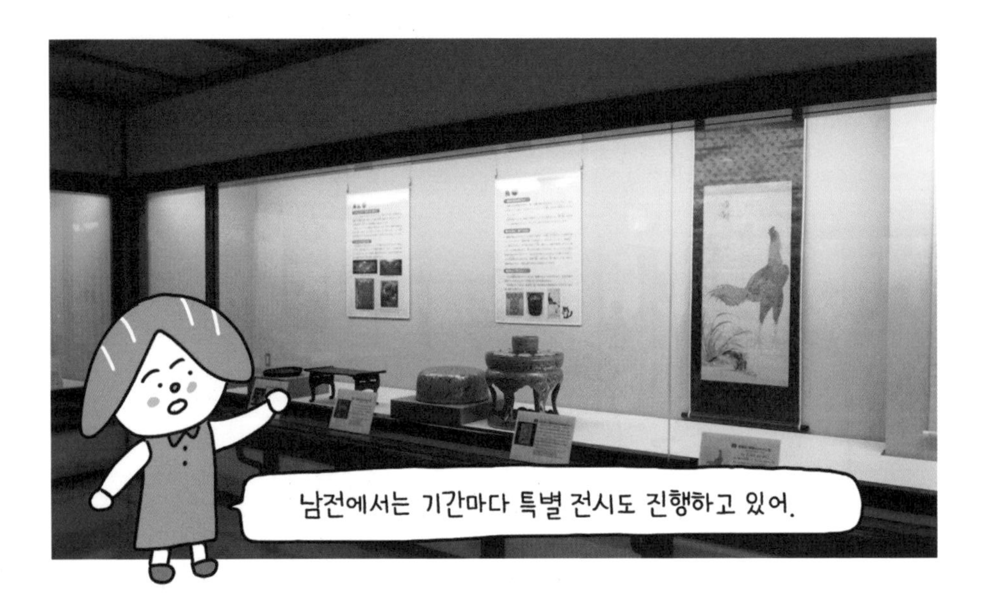

남전에서는 기간마다 특별 전시도 진행하고 있어.

우아! 나무를
엄청 사용해서
만들었구나!
으응. 슈리성은 류큐왕국
건축물이라고 나와있어.

오호! 어전 전체를 볼 수 있는 모형이야.

바닥의 줄무늬는 신하들이 줄 맞춰 앉을 수 있도록 만든 건가봐.
다소곳..
으음.. 그럴지도 모르겠네.

우에키몬
성밖으로
나가는 문 같은데?
NO ENTRY

나하 시내가
다 보여~
이런 경치에는..

운치 있게 아이스크림 하나
들고 있어야 하지 않을까?

더운데 고생했으니
하나 사줘야 되는데
주변에 어디서
팔지..
어떻게든
찾을 게!

큐케이몬

슈리성 정전을 탐방하고 나가는
마지막 문이야.
예전에는 주로 여성들이 사용하던 문이래.
아하

이렇게 다시
처음 슈레이몬으로
돌아가는 구나!

短期・長期の滞在に!!
☎ (098) 887-7184
沖縄そば
沖縄そば
200円
ラム
120円
沖縄そば
500円
098-887-7
시원한 거..
시원한 거.. 시원..

게슴
츠레

짜잔!
イチゴ
メロン
カルピス
カき氷
빙수 발견!!

PEPSI PEPSI PEPSI PEPSI
너 시력이
되게
좋구나?
나도 모르게 갑자기
시력이 올랐어..

슈리성

주소 1 Chome-2 Shurikinjocho, Naha, Okinawa Prefecture 903-0815

영업 시간 오전 8:00~오후 8:30

매력 포인트 & 솔직 후기

–성에 관심이 많다면? 필수로 들러야 하는 곳!

–슈리성 정전 내부를 따라 걷다 보면 뭐가 뭔지 잘 모를 수 있기 때문에 성에 관심이 많은 사람은 미리 공부해 가는 게 도움이 될 거야.

여행지 꿀팁

슈리성 스탬프 랠리

슈리성 중간 중간에 있는 스탬프를 정해진 종이에 찍을 수 있어. 일정 스탬프를 모으거나, 모든 스탬프를 모으면 상품도 있다는 사실!

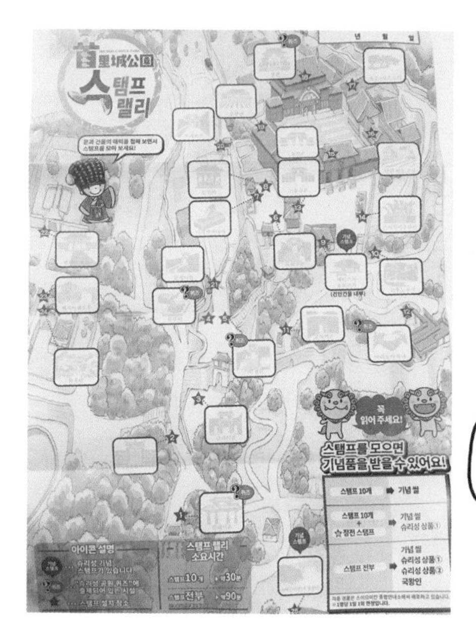

종이는 종합 안내소에서 받으실 수 있습니다.

빨간 성의 비밀

근데 빨개도 너무
빨간색이다.
어떻게 이렇게
유지하지?
눈 아파..
이 빨간색은
슈리성의 상징이라고
할 수 있어.

슈리성은 일본에서 유일한 빨간색 성이야. 빨간색을 유지하기 위해 천연 옻으로 칠했어. 그래서 성 전체가 옻공예 작품이야.

옻은 옻나무에서 추출해 목재가구 위에 발라 목재를 보호하고 광택을 내는 데 쓰여. 건조하면 다른 것과 섞이지 않으므로 보존 기능이 매우 우수해.

오키나와는 일본의 다른 지역보다 햇살이 강하고 심한 비바람이 불어서, 슈리성의 옻도장과 채색의 열화, 금박의 벗겨짐이 굉장히 심해.

BUSENA MARINE PARK

부세나
마린파크。

오늘은 날씨가 좋네.
바람도 불고 시원해..

..가 아니라 바람이 너무 센데...!
왜 시원하고 좋잖아.

여긴 어딘가요?
'부세나 테라스' 호텔 옆에 있는
부세나 마린파크야.

마린파크? 이름이 뭔가
스펙타클한데?
흐음
그런 큰 곳은 아니고.. 해중전망탑과 글래스 보트,
두 개의 체험을 해 볼 수 있어.

해중전망탑? 글래스보트?
뭔가 어려운 이름이네.

직접 체험해보면 알거야.. 후후.
뭐지..

The Busena Terrace
SHUTTLE BUS
입구 매표소에서 표를 사고 바로 앞에서
무료 셔틀 버스를 타고 가면 돼.

해중전망탑
海中展望塔
음.. 설마 저길 가야된다고?
저기 어린이들도 잘 가잖아.
너도 갈 수 있어!

해중전망탑은 수심 5m에서 창문으로
바다 밑을 구경할 수있는 곳이야.
창문이 360도, 24면으로 되어있어서
모든 면에서 볼수있어.

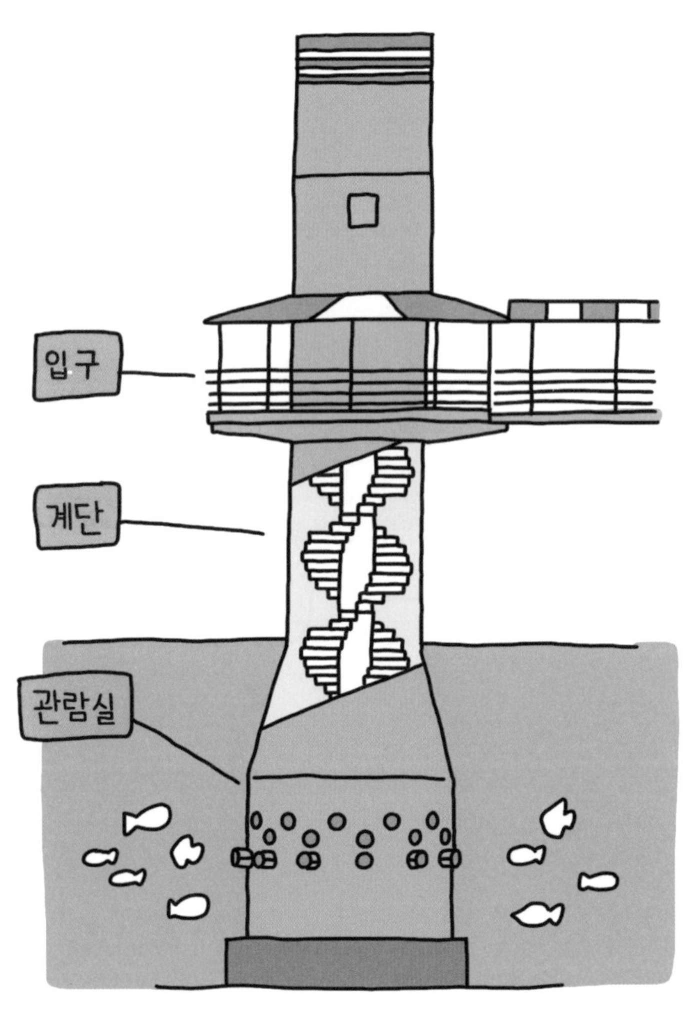
입구
계단
관람실

찰칵
아앗!
찍지마..

으앗! 나 지금 숨은 쉬어지는 건가?

으응.. 그 누구보다
건강하고 통통해보여.

해중전망탑에서 볼 수 있는 물고기들

갈돔

퍼큘러 크라운

나비고기

가시복

파랑점자돔

오비부다이

오네이트 나비고기

깃대돔

코란에인절

옐로우 래스

후타스지타마 가시라

비자놀래기

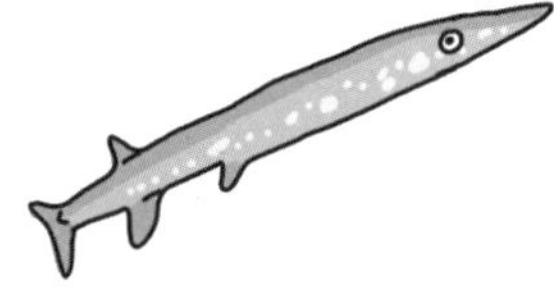

노랑촉수

해포리고기

푸른 불가사리

동갈치

난 왜 물고기가 안 보이지..
이리 와봐!

우와!

좋았어!
여기 있는 물고기들을
다 찾아보겠어!

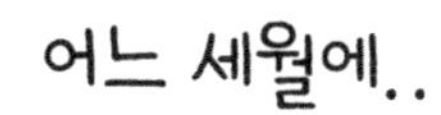

결국 다 못 찾았어..　　걱정마. 글래스 보트가 있잖아.

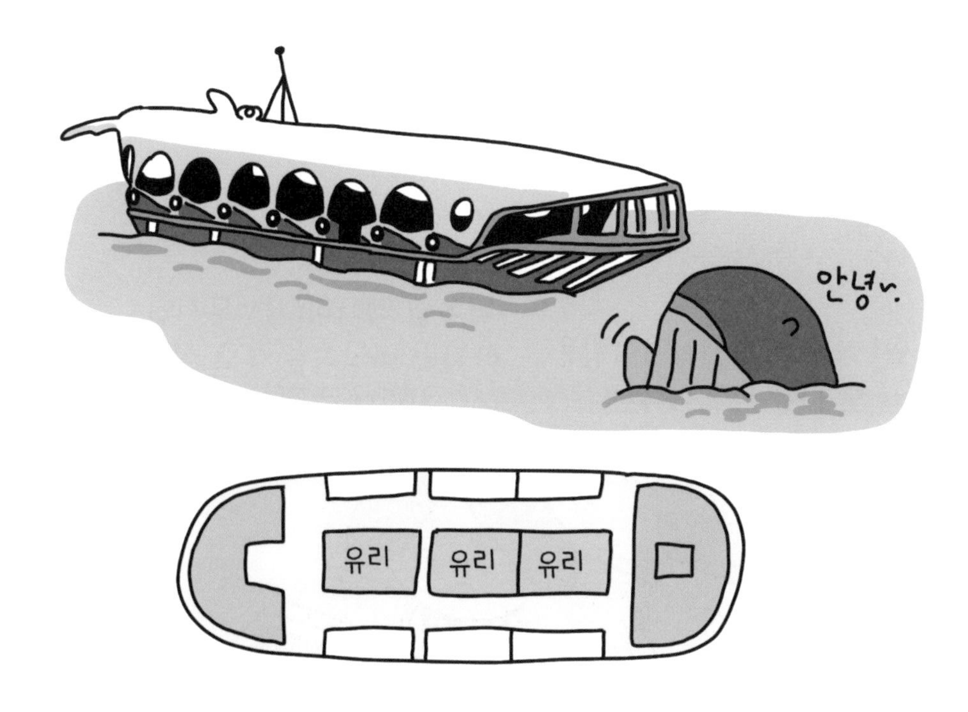

고래 모양의 유리 바닥 보트야.
가운데 바닥이 유리로 되어있어서
배를 타면서 수중물고기들을 구경할 수 있어. 운행시간은 약 20분!

우와! 아까 해중전망탑이랑은
또 다른 느낌이야!
너처럼 액티비티는 무서워
하지만 바닷속을 보고 싶은
사람에겐 딱이지.

내가 매번 말하지만
무서워 한다기보다는
안 맞는 거야.
그게 그거야..

앗! 저 물고기 좀 봐!
아까는 못 본거 같은데!

부세나 마린파크

주소 1744-1 Kise, Nago, Okinawa Prefecture 905-0026

영업 시간 AM 9:00 ~ PM 6:00(계절마다 변화)

매력 포인트 & 솔직 후기

- 짧은 시간에 간단한 두 가지 체험을 해볼 수 있는 마린파크. 근처에 있다면 와보는 것도 나쁘진 않아.
- 해중전망탑보다는 글래스 보트가 더 물고기들을 잘 볼 수 있어.
- 날씨에 따라 스케쥴이 다르니, 가기전에 꼭 홈페이지 확인! http://www.busena-marinepark.com/korea/index.html

여행지 꿀팁

전격비교

해중전망탑

- 사람들이 계속 들어오기 때문에 오래 구경하기는 어렵다.
- 어른들은 좀 싱거울 수도.. 어린이 동반 가족에게 추천!
- 탑으로 가는 다리가 포토존으로 좋다.

글래스 보트

- 보트이다 보니 날씨의 영향을 크게 받는다.
- 물이 무서운 사람도 맘 놓고 바닷속을 볼 수 있다.

시간이 없다면 글래스 보트만 체험하는 것을 추천해!

여기서 잠깐!

주변 맛집 스터디

슈리성

Ajitoya Curry Restaurant

카레

沖縄県那覇市首里崎山町,
1 Chome 1−37− 3 1F,
Shurisakiyamachō, 903-0814

いろは庭

오키나와 가정 요리

3 Chome-34-5 Shurikinjōchō,
Naha-shi, Okinawa-ken 903-0815

Dessert lab Chocolat

디저트

首里金城町 4 Chome 4-70-4,
Shurikinjōchō, Naha-shi,
Okinawa-ken, 903-0815

부세나 마린파크

Shimaakari

닭고기 가라아게

幸喜 96-1 , Nago, Okinawa Prefecture, 905-0025

うなぎ ひつまぶし 和田平

장어 덮밥

国頭郡恩納村名嘉真2615, Okinawa Prefecture, 904-0401

Colombin

스테이크

71-1 Kōki, Nago-shi, Okinawa-ken 905-0025

작업 후기

오키나와 편도
어느새 끝나버렸다..

오키나와를 취재하면서
가장 중요하게 느낀 건
바로 날씨!

오키나와에 있는 동안 태풍이 와버렸는데.. 정말..

6월, 7월은
꼭 태풍을
조심하도록 해!

오키나와 여행은 대부분 3박에서 4박 정도로 가고,
숙소를 한두 군데로 잡는데,
오키나와는 번화가(국제거리)가 아니면
저녁만 되면 주변에 불이 다 꺼지고 할 게 없더라구..

여유가 된다면 부대시설이 많은 리조트 호텔을 예약하는게
밤을 좀 더 무료하지 않게 보낼 수 있지 않을까 싶어.

그리고 오키나와 음식은...
뭐랄까 일본의 다른 지역보다
조금 애매하다고 해야하나?

오키나와를 대표하는
오키나와 소바나, 오키나와 향토음식은
사실 호불호가 많이 갈려서 말이지..

앞에서도 이야기했지만, 실패하기 싫다면
고기요리(특히 스테이크)집이나
미국 음식 가게로 가는 것을 추천해!

오키나와의 마지막 식사는 뭘 먹지?

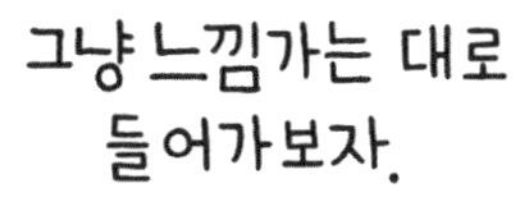

이제
찾기도
지친다..

오! 분위기가 완전
내맘에 쏙 든다!

이번 메뉴 선택은 너에게
맡기겠어.
진지
웬일이지.. 그렇다면..

앗! 가라아게
정식!
생각해보니
오키나와에 와서
닭을 안 먹었잖아!

음~ 이 맛이야!
굿초이스!
훗.. 감사합니다.

우연히 들어간 음식점에서
먹은 메뉴가 맛있을 때..
이 맛에 여행오는 거
아닐까?
입 안에 있는거 다 드시고
말씀하세요..

다음 여행지에서도
이런 음식점을
찾았으면 좋겠어!
글쎄..

초판 1쇄 펴낸 날 | 2018년 12월 21일

지은이 | 나인완
펴낸이 | 홍정우
펴낸곳 | 브레인스토어

책임편집 | 이상은
편집진행 | 남슬기
디자인 | 이유정
마케팅 | 이수정
파트너 | 일본정부관광국(JNTO), 피치항공

주소 | (04035) 서울특별시 마포구 양화로7안길 31(서교동, 1층)
전화 | (02)3275-2915~7
팩스 | (02)3275-2918
이메일 | brainstore@chol.com
페이스북 | http://www.facebook.com/brainstorebooks

등록 | 2007년 11월 30일(제313-2007-000238호)

ISBN 979-11-88073-33-7 (03980)

이 도서의 국립중앙도서관 출판예정도서목록(CIP)은 서지정보유통지원시스템 홈페이지(http://seoji.nl.go.kr)와 국가자료공동목록시스템(http://www.nl.go.kr/kolisnet)에서 이용하실 수 있습니다.(CIP제어번호: CIP2018039001)